# Introduction à la philosophie de Nishida

5-7, rue de l'École-Polytechnique ; 75005 Paris

http://www.librairieharmattan.com
diffusion.harmattan@wanadoo.fr
harmattan1@wanadoo.fr

ISBN : 978-2-296-03873-8
EAN : 9782296038738

Jacynthe TREMBLAY

# Introduction à la philosophie de Nishida

L'Harmattan

**Ouverture philosophique**
*Collection dirigée par Dominique Chateau, Agnès Lontrade et Bruno Péquignot*

Une collection d'ouvrages qui se propose d'accueillir des travaux originaux sans exclusive d'écoles ou de thématiques.

Il s'agit de favoriser la confrontation de recherches et des réflexions qu'elles soient le fait de philosophes "professionnels" ou non. On n'y confondra donc pas la philosophie avec une discipline académique ; elle est réputée être le fait de tous ceux qu'habite la passion de penser, qu'ils soient professeurs de philosophie, spécialistes des sciences humaines, sociales ou naturelles, ou... polisseurs de verres de lunettes astronomiques.

**Déjà parus**

Jacynthe TREMBLAY, *Auto-éveil et temporalité. Les défis posés par la philosophie de Nishida*, 2007.
Jacynthe TREMBLAY, *L'être-soi et l'être-ensemble. L'auto-éveil comme méthode philosophique chez Nishida*, 2007.
Constantin MIHAI, *Descartes. L'argument ontologique et sa causalité symbolique*, 2007.
Yves MAYZAUD et Gregori JEAN (dir.), *Le Langage et ses phénomènes*, 2007.
René LEFEBVRE, *Platon, philosophe du plaisir*, 2007.
Dominique BERTHET (dir.), *Figures de l'errance*, 2007.
Robert FOREST, *De l'adhérence*, 2007.
Fernando BELO, *Les jeu des sciences : avec Heidegger et Derrida.* (Volumes 1 et 2.) 2007.
Jean-Luc POULIQUEN, *Gaston Bachelard ou le rêve des origines*, 2007.
Paul KHOURY, *Le fait et le sens : esquisse d'une philosophie de la déception*, 2007.
Iraj NIKSERESHT, *Démocrite, Platon et la physique des particules élémentaires*, 2007.
Alphonse VANDERHEYDE, *Nietzsche et la pensée bouddhiste*, 2007.
Sous la direction de Jean-Marc LACHAUD et Olivier LUSSAC, *Arts et nouvelles technologies. Collectif*, 2007.
Stéphane VINOLO, *Epistémologie du sacré. « En vérité, je vous le dis »*, 2007.

## SOMMAIRE

# INTRODUCTION

NISHIDA Kitarō naquit en 1870 à Unoke, près de la mer du Japon. Il devint professeur de lycée et d'université à Kanazawa après avoir terminé ses études à la faculté des lettres de l'Université de Tōkyō. De 1910 à 1928, date de sa retraite, il enseigna l'éthique et la science des religions à la faculté des lettres de l'Université de Kyōto. Il disparut en 1945, à Kamakura.

On peut diviser commodément la philosophie de Nishida en trois périodes, suivant l'ordre de publication de ses livres[1]. La première

---

[1] Voir NISHIDA Kitarō 西田幾多郎, 『西田幾多郎全集』 (Nishida Kitarō zenshū, Œuvres complètes de Nishida Kitarō [abrév. : *NKZ*]), Tōkyō, Iwanami Shoten, 1965. Voici, à titre de référence, la liste des 19 volumes que comportent ses *Œuvres complètes* :

*NKZ* **1** 『善の研究』 (Zen no kenkyū, Recherches sur le bien) (1911) ; 『思索と経験』 (Shisaku to keiken, Pensée et expérience) (1915).

*NKZ* **2** 『自覚に於ける直観と反省』 (Jikaku ni okeru chokkan to hansei, Intuition et réflexion dans l'auto-éveil) (1917).

*NKZ* **3** 『意識の問題』 (Ishiki no mondai, Le Problème de la conscience) (1920) ; 『芸術と道徳』 (Geijutsu to dōtoku, Art et morale) (1923).

*NKZ* **4** 『働くものから見るものへ』 (Hataraku mono kara miru mono he, De ce qui agit à ce qui voit) (1927).

*NKZ* **5** 『一般者の自覚的体系』 (Ippansha no jikakuteki taikei, Le Système des universels conformément à l'auto-éveil) (1930).

*NKZ* **6** 『無の自覚的限定』 (Mu no jikakuteki gentei, La Détermination du néant conformément à l'auto-éveil) (1932).

*NKZ* **7** 『哲学の根本問題 – 行為の世界』 (Tetsugaku no konpon mondai – Kōi no sekai, Problèmes fondamentaux de la philosophie. Le Monde de l'agir) (1933) ; 『哲学の根本問題 – 弁証法的世界』(Tetsugaku no konpon mondai – Benshōhō teki sekai, Problèmes fondamentaux de la philosophie. Le Monde dialectique) (1934).

*NKZ* **8** 『哲学論文集第一』 (Tetsugaku ronbunshū daiichi, Essais philosophiques 1) (1935) ; 『哲学論文集第二』 (Tetsugaku ronbunshū daini, Essais philosophiques 2) (1939).

*NKZ* **9** 『哲学論文集第三』 (Tetsugaku ronbunshū daisan, Essais philosophiques 3) (1939).

*NKZ* **10** 『哲学論文集第四』 (Tetsugaku ronbunshū daiyon, Essais philosophiques 4) (1941) ; 『哲学論文集第五』(Tetsugaku ronbunshū daigo, Essais philosophiques 5) (1943).

*NKZ* **11** 『哲学論文集第六』 (Tetsugaku ronbunshū dairoku, Essais philosophiques 6) (1944) ; 『哲学論文集第七』 (Tetsugaku ronbunshū daishichi, Essais

(1911-1926) s'ouvre avec *Recherches sur le bien*. Ce livre initia une philosophie originale qui se démarqua notablement de la manière de procéder qui avait été jusque-là en cours, c'est-à-dire l'importation pure et simple de la philosophie occidentale qui avait caractérisé l'époque Meiji (1868-1912). Les autres livres, qualifiés d'« essais épistémologiques », qui virent le jour au cours de cette période tendirent non pas tant à poursuivre fidèlement les problématiques amorcées dans *Recherches sur le bien* qu'à mettre l'accent, déjà, sur la notion d'auto-éveil.

L'essai charnière qui marque la transition vers la seconde période (1926-1930) s'intitule « Basho » (場所)[2]. C'est là que Nishida commença à effectuer le passage d'une analyse psychologique de l'expérience individuelle à la construction d'un imposant système philosophique connu de nos jours sous l'appellation « logique du basho » (場所的論理 *bashoteki ronri*). Les autres livres de cette période ont pour titre *Le Système des universels conformément à l'auto-éveil* et *La Détermination du néant conformément à l'auto-éveil*.

La troisième période (1930-1945), qui s'initia avec les *Problèmes fondamentaux de la philosophie*, est centrée sur le monde historique et met en œuvre une dialectique que Nishida qualifia

---

philosophiques 7) (1945).

*NKZ* **12** 『続思索と経験』(Zoku shisaku to keiken, Pensée et expérience, suite) (1947) ; 『続思索と経験以後』 (Zoku shisaku to keiken igo, Pensée et expérience, suite 2) (1948).

*NKZ* **13** 『小篇』(Shōhen, Courts essais).

*NKZ* **14** 『講演筆記』(Kōen hikki, Conférences).

*NKZ* **15** 『講議』(Kōgi, Cours).

*NKZ* **16** 『初期草稿』(Shoki sōkō, Manuscrits de la première période).

*NKZ* **17** 『日記』(Nikki, Journal).

*NKZ* **18** 『書簡集』(Shokanshū, Lettres).

*NKZ* **19** 『書簡集二』(Shokanshū ni, Lettres 2).

[2] La meilleure traduction française du mot basho (場所) est une expression que Nishida utilise par ailleurs abondamment, à savoir le « ce en quoi » (於てある場所 *oite aru basho*). *Basho* peut aussi être traduit par « lieu » (所 *tokoro*), mais au risque d'être dépouillé de ses significations les plus originales. C'est pourquoi il est préférable de le présenter en translittération et sans italiques, afin d'en laisser paraître la polysémie au fil de ses différents contextes d'apparition.

d'absolue et qui est concentrée dans l'expression « auto-identité absolument contradictore » (絶対矛盾的自己同一 *zettai mujunteki jiko dōitsu*). Dès 1930, Nishida fut reconnu par ses contemporains comme le philosophe japonais le plus original. Il demeure encore aujourd'hui l'interlocuteur incontournable de toute pensée philosophique au Japon.

Les recherches concernant la philosophie de Nishida tiennent une place importante au Japon. Sa pensée fut d'abord perpétuée après sa mort par l'« école de Kyōto » dont faisaient partie les proches disciples de Nishida. Depuis près de trente ans se tient aussi à Kyōto le « Groupe de recherches sur la philosophie de Nishida » qui s'applique à lire et à étudier en détail l'œuvre de cet auteur. D'autre part, en juin 2003 a eu lieu le premier Congrès annuel sur la philosophie de Nishida, qui a réuni à Kyōto tous les chercheurs regroupés autour de l'étude de sa pensée, ainsi que de nombreux membres du public en général. Un nouveau congrès a eu lieu chaque année depuis.

Dans l'ensemble du Japon, ces chercheurs ont produit un nombre toujours croissant d'études et commentaires sur Nishida. Mais l'intérêt porté à ce philosophe est loin d'avoir été limité au Japon. Il s'est développé constamment au cours des dernières années, tant en Asie et en Europe qu'en Amérique du Nord, ainsi qu'on pourra le constater en parcourant la bibliographie exhaustive des traductions et des commentaires de Nishida proposée dans le chapitre 5 du présent livre. Bref, la philosophie de Nishida demeure d'une grande actualité. Et tout laisse croire qu'elle continuera encore longtemps de susciter des débats fructueux.

Même si Nishida commence à être bien connu dans la francophonie, il manquait cependant encore une introduction à sa pensée qui pût servir de guide sûr tant pour les chercheurs que pour les étudiants[3]. On trouvera dans le présent livre de nombreux outils permettant de réaliser cet objectif.

---

[3] Pour d'autres types d'introduction à Nishida dans le cadre plus élargi de l'école de Kyōto, voir Bernard STEVENS, *Invitation à la philosophie japonaise. Autour de Nishida*, Paris, CNRS Éditions, 2005, 233 p. ; James W. HEISIG, *Les Philosophes du*

Le chapitre premier fournit une description détaillée des recherches actuelles concernant Nishida dans la francophonie. Celles-ci se caractérisent par la diversité et l'originalité des approches. Des travaux comparatistes et appliqués ont excédé le point de vue philosophique pour s'étendre aux domaines de la théologie, de la psychologie, de la psychiatrie, de la sociologie et de l'éthique, pour n'en mentionner que quelques-uns.

Le second chapitre s'applique à dégager des pistes pour la recherche future. Il a pour but de montrer clairement que la philosophie de Nishida comporte plusieurs domaines de prolongement possibles, et qu'une fois transposée dans d'autres champs des sciences humaines, elle en devient par le fait même plus compréhensible et accessible, même pour un lectorat non philosophe. En retour, il devient possible de s'inspirer de l'une ou l'une des notions nishidiennes pour jeter un éclairage original sur d'autres disciplines des sciences humaines.

Le point focal de la philosophie de Nishida est la dite « logique du basho ». Il est indispensable d'en avoir une juste compréhension avant d'aborder d'autres thèmes de cette philosophie. C'est pourquoi on trouvera dans le chapitre 3 une vaste présentation de la notion de basho et des divers thèmes qui lui sont interreliés. On aura l'occasion d'en saisir toute la polysémie, notamment en contraste avec Platon.

Le chapitre 4 consiste en un glossaire français-japonais des termes philosophiques de Nishida qui a été construit à partir de mes propres traductions de Nishida déjà publiées et à paraître[4]. Il est à

---

*néant* (trad. Jacynthe Tremblay, Bernard Stevens and Sylvain Isaac) (à paraître 2007).

[4] Voir « Logique prédicative », dans Jacynthe TREMBLAY, *Nishida Kitarō. Le Jeu de l'individuel et de l'universel*, Paris, CNRS Éditions, 2000, 334 p. ; p. 159-88 ; « Le monde intelligible », dans *ibid.*, p. 189-228 ; « La position de l'individuel dans le monde historique », dans *ibid.*, p. 229-74 ; « Le temporel et l'intemporel », dans NISHIDA Kitarō, *L'Éveil à soi*, Paris, CNRS Éditions, 2003, 298 p. ; p. 55-70 ; « Amour de soi, amour de l'autre et dialectique », dans *ibid.*, p. 71-93 ; « Je et tu », dans *ibid.*, p. 95-144 ; « L'auto-identité absolument contradictoire », dans *ibid.*, p. 145-92 ; « À propos de l'éveil à soi », dans *ibid.*, p. 193-249 ; « À propos de la philosophie de Descartes », dans *ibid.*, p. 251-82 ; « L'autodétermination du maintenant éternel », dans Jacynthe TREMBLAY (dir.), *Enjeux de la philosophie*

espérer qu'il sera un précieux outil de recherche, tant pour les spécialistes de Nishida que pour ceux et celles qui veulent s'initier à la langue et à la philosophie japonaises.

Le dernier chapitre, enfin, offre pour la première fois une bibliographie exhaustive des traductions de Nishida, de même que des commentaires de son œuvre. Il permettra de prendre connaissance rapidement et clairement de l'état actuel des recherches concernant Nishida dans les langues suivantes : allemand, anglais, chinois, espagnol, français, italien, roumain et serbo-croate. Cette énumération fournit une idée de la dissémination actuelle de la pensée de Nishida et de l'intérêt qui lui est porté dans un nombre grandissant de régions hors du Japon.

---

*japonaise du XX$^{e}$ siècle* (à paraître, 2007).

*Chapitre premier*

# NISHIDA EN FRANÇAIS APPROCHES ET RECHERCHES ACTUELLES

La recherche sur Nishida dans les régions de langue française se caractérise par la diversité des approches. Inexistante jusqu'à la fin des années 1980, elle est progressivement passée au stade de sujet de recherche, tant en ce qui concerne les commentaires que les traductions. Les approches qui seront ci-après détaillées ne sont pas restrictives. Mais puisqu'il a fallu établir un classement, prenons-les comme autant de *foci* de réception de la philosophie de Nishida par les chercheurs et chercheuses francophones[1].

## 1 – Les approches historique et politique

Quelle est la signification et la place de Nishida dans l'histoire de la philosophie ? Le mérite de Bernard Stevens fut, depuis le début des années 1990, de s'efforcer d'apporter une réponse à cette question[2]. Face à l'auto-enfermement de la philosophie européenne et américaine, Stevens montra l'importance de Nishida dans la recherche d'une nouvelle voie susceptible de faire sortir la philosophie subjectiviste des temps modernes de l'impasse à laquelle elle a été acculée.

Cependant, il faut bien reconnaître que dans les régions francophones, la philosophie de Nishida, si elle a été évaluée très positivement par Stevens en ce qui concerne sa portée historique, n'a pas encore eu tout l'impact souhaîté. On aurait été en droit de s'attendre,

---

[1] Ces derniers sont originaires de la Belgique (Bernard Stevens), du Canada (Jacynthe Tremblay), de la France (Augustin Berque, Michel Dalissier, Frédéric Girard et Pierre Lavelle) et de la Suisse (Britta Boutry-Stadelmann). Il faut ajouter à cette liste les chercheurs japonais qui habitent (ou ont longtemps habité) en France et écrivent en français (Asari Makoto, Kuroda Akinobu et Uehara Mayuko).

[2] Voir Bernard STEVENS, « Une présentation de l'école de Kyōto » : *Études Phénoménologiques* 9 (1993, n° 18) 7-62 ; « Situation de Nishida » : *Revue Philosophique de Louvain* 94 (1996, n° 1) 43-68 ; *Topologie du néant. Une approche de l'école de Kyōto*, Louvain-Paris, Éditions Peeters, 2000, 225 p.

avec les articles sur Nishida et les quelques traductions déjà existantes, à une meilleure réception de sa philosophie auprès du lectorat francophone.

L'une des raisons de ce manque d'impact a été le manque flagrant, jusqu'à ces dernières années, de données disponibles concernant Nishida dont, au premier chef, le peu de traductions de parties vraiment significatives de sa philosophie (entre 1926 et 1945). Cette lacune est présente non seulement en français mais également dans les autres langues occidentales. Sur la base des quelques traductions disponibles se sont développées deux idées, désormais reçues. Selon la première, Nishida n'est qu'un penseur religieux. Il ne faut pas s'en étonner puisqu'on a longtemps abordé Nishida à partir de deux textes seulement, à savoir *Recherches sur le bien* (1911) et « Logique du basho et conception religieuse du monde » (1945).

Quant à la seconde idée reçue, selon laquelle Nishida aurait apporté un soutien inconditionnel à l'ultranationalisme japonais, elle fut trop souvent basée sur des citations tirées de leurs contextes. Quelques chercheurs prirent au sérieux cette accusation pour la nuancer dans une plus ou moins grande mesure. Concernant cette question politique, Pierre Lavelle fit figure de pionnier dans la traduction française et le commentaire de Nishida[3]. Augustin Berque, grâce à qui le nom de Nishida commença à excéder le cénacle des philosophes, interpréta l'engagement politique de Nishida du point de vue géographique qui est le sien[4]. Stevens, enfin, s'attarda au malaise entourant l'« errance »

---

[3] Voir Pierre LAVELLE, « Nishida Kitarō, l'École de Kyōto et l'ultra-nationalisme » : *Revue Philosophique de Louvain* (1994, n° 4) 430-58 ; NISHIDA Kitarō, *La Culture japonaise en question*, Paris, Publications orientalistes de France, 1991, 127 p. (*NKZ* **12**, 275-394) (trad. Pierre Lavelle) ; NISHIDA Kitarō, « L'essence nationale du Japon. *Kokutai* », dans Yves-Marie ALLIOUX (éd.), *Cent ans de pensée au Japon*, t. 2, Mas Le Vert, Éditions Philippe Picquier, 1996, 387 p. ; p. 81-114 (*NKZ* **12**, 397-426) (trad. Pierre Lavelle).

[4] Voir Augustin BERQUE, « Logique du lieu et génie du lieu », dans Augustin BERQUE et Philippe NYS (dir.), *Logique du lieu et œuvre humaine*, Bruxelles, Ousia, 1997, 276 p. ; p. 189-212 ; « Du prédicat sans base. Entre *mundus* et *babburu*, la modernité », dans Livia MONNET (dir.), *Approches critiques de la pensée japonaise du XX^e^ siècle*, Montréal, Presses de l'Université de Montréal, 2001, 570 p. ; p. 53-61 ;

politique de Nishida, de manière à dégager un terrain propice à une réflexion proprement philosophique à propos de son œuvre[5]. On peut ne pas être d'accord avec toutes les conclusions de ces différents débats ; il n'empêche qu'ils préparèrent les esprits à percevoir Nishida comme un grand nom de l'histoire de la philosophie et à l'étudier enfin à ce titre.

## 2 – L'approche religieuse

La seconde approche de Nishida fut celle de la religion ; autrement dit, on s'attarda à retracer les fondements bouddhiques de son œuvre, dans la perspective des rapports interreligieux. D'ailleurs, la toute première traduction française de Nishida, réalisée par Frédéric Girard, fut celle d'une petite section de *Recherches sur le bien* intitulée « Dieu »[6]. Girard poursuivit sur cette lancée en publiant la traduction de la première section de *Recherches sur le bien*[7], de même qu'un article traitant des liens entre Nishida et l'enseignement du Bouddha[8]. Stevens fit montre de son intérêt pour cette approche religieuse dans plusieurs de ses articles, notamment lorsqu'il traita des sources orientales de la philosophie de Nishida et du fondement de l'expérience pure[9]. Sa publication du début de *Recherches sur le bien* s'inscrit dans le

---

« La logique du lieu dépasse-t-elle la modernité ? », dans *ibid.*, p. 41-51.

[5] Voir Bernard STEVENS, « Une présentation de l'école de Kyōto » ; *Topologie du néant* ; « L'attrait de la phénoménologie auprès des philosophes de l'école de Kyōto » : *Philosophie* (2003, n° 79) 25-42.

[6] NISHIDA Kitarō, « Dieu », dans *Cahiers pour un temps. Écritures Japonaises*, Paris, Centre Georges Pompidou, 1986, p. 89-101 (*NKZ* **1**, 96-101) (trad. Frédéric Girard).

[7] NISHIDA Kitarō, « Expérience pure », dans « La philosophie au Japon », *Encyclopédie philosophique universelle*, « Le discours philosophique », Paris, PUF, 1996, p. 606-7 (*NKZ* **1**, 9-17) (trad. Frédéric Girard).

[8] Voir Frédéric GIRARD, « Logique du lieu et expérience unitive de l'absolu. Nishida lecteur du Buddha ? », dans Augustin BERQUE (dir.), *Logique du lieu et dépassement de la modernité*, vol. 1 : *Nishida : la mouvance philosophique*, Bruxelles, Ousia, 2000, 390 p. ; p. 217-62.

[9] Voir Bernard STEVENS, « Une présentation de l'école de Kyōto » ; « Situation de Nishida » ; « La première esquisse du système nishidien » : *Revue Philosophique de Louvain* 97 (1999, n° 1) 9-18 ; *Topologie du néant*.

prolongement de cette approche[10]. En font également partie la traduction de « Shinran le pauvre d'esprit à demi tonsuré » et celle de « Logique du basho et vision religieuse du monde »[11].

L'approche religieuse fut et demeure l'une de mes propres préoccupations[12]. J'ai montré entre autres choses comment Nishida institue entre l'humain et le divin un nouveau type de rapport, foncièrement relationnel. J'ai poursuivi ma réflexion dans la même veine en établissant les rapports entre Nishida et le théologien Karl Rahner dans un article traitant de la « transcendance immanente » et ouvrant des perspectives en vue de repenser le concept théologique d'« union hypostatique » à partir de la notion nishidienne d'auto-identité absolument contradictoire[13]. J'ai aussi entrepris d'approfondir les sources bouddhiques (notamment nagarjuniennes) de la philosophie de la relation de Nishida dans *La Relation et son lieu*[14], de même que dans l'introduction du recueil d'essais de Nishida ayant pour titre *L'Éveil à soi*[15].

---

[10] Voir NISHIDA Kitarō, « Une étude sur le bien », *Revue Philosophique de Louvain* (1999, n° 1) 19-29 (*NKZ* **1**, 3-17) (trad. Bernard Stevens).

[11] NISHIDA Kitarō, *Logique du lieu et vision religieuse du monde*, Bordeaux, Osiris, 1999, 92 p. (*NKZ* **11**, 371-464) (trad. Sugimura Yasuhiko et Sylvain Cardonnel) ; « Shinran le pauvre d'esprit à demi tonsuré », dans Augustin BERQUE (dir.), *Logique du lieu et dépassement de la modernité*, vol. 1, p. 237-43 (*NKZ* **1**, 407-09) (trad. Frédéric Girard).

[12] Voir Jacynthe TREMBLAY, « Le dialogue interreligieux. Quelles logiques ? » : *Nouveau Dialogue* (1992, n° 91) 22-3 ; « La logique de Nishida », dans Charles LE BLANC et Alain ROCHER (dir.), *Tradition et innovation en Chine et au Japon. Regards sur l'histoire intellectuelle*, Montréal, Les presses de l'université de Montréal/Cergy, Publications orientalistes de France, 1996, 342 p. ; p. 289-300.

[13] Voir Jacynthe TREMBLAY, « La transcendance immanente chez Nishida Kitarō et Karl Rahner » : *Sciences Religieuses* 26 (1997, n° 2) 1-12.

[14] Jacynthe TREMBLAY, *La Relation et son lieu. Introduction à la philosophie de la relation de Nishida*, Beauport, MNH/Anthropos, 2000, 79 p. – Ce livre a été publié à petit tirage et est épuisé depuis 2001.

[15] Voir Jacynthe TREMBLAY, « Introduction de la traductrice », dans NISHIDA Kitarō, *L'Éveil à soi*, Paris, CNRS Éditions, 2003, 298 p. ; p. 9-51 (trad. Jacynthe Tremblay).

### 3 – Les approches logiques et relationnelle

Pour faire avancer la recherche, il importait d'aborder Nishida directement à partir des logiques qu'il développa à partir de 1926, à savoir la logique du basho et la logique de l'auto-identité absolument contradictoire, que la majeure partie de ma propre recherche s'est employée à explorer et à approfondir. Une bonne compréhension de la logique du basho étant essentielle à celle de la philosophie nishidienne dans son ensemble, j'en ai dégagé la structure globale dans différents écrits et traductions, en lien notamment avec la notion d'auto-éveil (*jikaku*)[16]. Cette dernière notion a été analysée en détail dans *L'Être-soi et l'être-ensemble*[17], en lien avec la philosophie de Descartes et celle d'Augustin.

Font également partie de cette présentation de la logique du basho la traduction de l'essai *Le lieu*[18], de même que celle d'essais dans lesquels Nishida critique d'autres philosophes[19].

---

[16] Voir NISHIDA Kitarō, « Logique prédicative », dans Jacynthe TREMBLAY, *Nishida Kitarō. Le Jeu de l'individuel et de l'universel*, Paris, CNRS Éditions, 2000, 334 p. ; p. 159-88 (*NKZ* **5**, 58-97) (trad. Jacynthe Tremblay) ; NISHIDA Kitarō, « Le monde intelligible », dans *ibid.*, p. 189-228 (*NKZ* **5**, 123-85) (trad. Jacynthe Tremblay); Jacynthe TREMBLAY, « La logique du basho comme approfondissement de l'éveil à soi » : *Études Phénoménologiques* (1999, n° 29-30) 161-86 ; Jacynthe TREMBLAY, « Notice introductive à la "Logique prédicative" de Nishida » : *Revue Philosophique de Louvain* 97 (1999, n° 1) 57-8 ; Jacynthe TREMBLAY, « Les rapports universel-individuel dans la logique du basho de Nishida » : *Revue Philosophique de Louvain* 97 (1999, n° 1) 30-56 ; Jacynthe TREMBLAY, « La néantisation du soi dans la logique du *basho* », dans Augustin BERQUE (dir.), *Logique du lieu et dépassement de la modernité*, vol. 1, p. 87-116 ; Jacynthe TREMBLAY, *Nishida Kitarō. Le Jeu de l'individuel et de l'universel*. – Voir aussi Sylvain ISAAC, « *Basho* et individu chez Nishida » : *Philosophie* (2003, n° 79) 43-61 ; Bernard STEVENS, « L'attrait de la phénoménologie auprès des philosophes de l'école de Kyōto ».

[17] Voir Jacynthe TREMBLAY, *L'Être-soi et l'être-ensemble. L'Auto-éveil comme méthode philosophique chez Nishida*, Paris, L'Harmattan, 2007, chapitres 3 et 4.

[18] NISHIDA Kitarō, *Le Lieu*, Osiris, 2000 (*NKZ* **4**, 208-89) (trad. Kobayashi Reiko).

[19] Voir NISHIDA Kitarō, « À propos de ma logique », dans Augustin BERQUE (dir.), *Logique du lieu et dépassement de la modernité*, vol. 1, p. 243-4 (*NKZ* **12**, 265-6) (trad. Frédéric Girard) ; « À propos de la philosophie de Descartes », dans NISHIDA Kitarō, *L'Éveil à soi*, p. 251-82 (*NKZ* **11**, 147-88) (trad. Jacynthe Tremblay) ; « À

La question nishidienne de la temporalité est à situer elle aussi dans le cadre de la logique du basho puiqu'elle s'élabore conformément à la structure englobante de cette dernière[20]. Elle a été exposé en détail dans *Auto-éveil et temporalité*[21], en lien avec Augustin surtout et sur la base d'essais significatifs de Nishida. J'y ai fait aussi une large place à la notion d'auto-éveil, de même qu'à la logique de l'« auto-identité absolument contradictoire » que je me suis efforcée d'étudier en détail par le passé, soit dans des articles[22], soit en traduction[23].

Kuroda Akinobu s'est inscrit dans le prolongement de ces approches logiques dans sa thèse de doctorat soutenue le 20 mai 2003 à Strasbourg sous le titre *Enjeux, possibilités et limites d'une philosophie de la vie. Kitarō NISHIDA au miroir de quelques philosophes français*[24]. Kuroda se donna pour tâche de fournir une expression rigoureuse à la philosophie de Nishida dans une langue philosophique française, en plus de l'expliquer et de la comprendre en confrontation à

---

propos de l'éveil à soi », dans *ibid*, p. 193-249 (*NKZ* **10**, 477-564) (trad. Jacynthe Tremblay).

[20] Voir surtout NISHIDA Kitarō, « Amour de soi, amour de l'autre et dialectique », dans *ibid*, p. 71-93 (*NKZ* **6**, 260-99) (trad. Jacynthe Tremblay) ; « Je et tu », dans *ibid*, p. 95-144 (*NKZ* **6**, 341-427) (trad. Jacynthe Tremblay) ; « Le temporel et l'intemporel », dans *ibid*, p. 55-70 (*NKZ* **6**, 233-59) (trad. Jacynthe Tremblay) ; 「永遠の今の自己限定」 (Eien no ima no jiko gentei, L'autodétermination du maintenant éternel), dans *NKZ* **6**, 181-232 (trad. Jacynthe Tremblay) (à paraître dans Jacynthe TREMBLAY (dir.), *Enjeux de la philosophie japonaise du XX*^e^ *siècle*, 2007).

[21] Voir Jacynthe TREMBLAY, *Auto-éveil et temporalité. Les Défis posés par la philosophie de Nishida*, Paris, L'Harmattan, 2007.

[22] Voir Jacynthe TREMBLAY, « Le dialogue interreligieux. Quelles logiques ? » ; « La logique de l'auto-identité absolument contradictoire de Nishida Kitarō » : *Dialogue* 33 (1994, n° 4) 595-610 ; « La logique de Nishida » ; « La transcendance immanente chez Nishida Kitarō et Karl Rahner » ; *Nishida Kitarō. Le Jeu de l'individuel et de l'universel* ; « Introduction de la traductrice ».

[23] Voir NISHIDA Kitarō, « La position de l'individuel dans le monde historique », dans Jacynthe TREMBLAY, *Nishida Kitarō. Le Jeu de l'individuel et de l'universel*, p. 229-74 (*NKZ* **9**, 69-146) (trad. Jacynthe Tremblay); « À propos de l'éveil à soi » ; « L'auto-identité absolument contradictoire », dans NISHIDA Kitarō, *L'Éveil à soi*, p. 145-92 (*NKZ* **9**, 147-222) (trad. Jacynthe Tremblay).

[24] On trouvera un résumé de cette thèse sous le titre « Seisei suru seimei no tetsugaku – Furansu genshōgaku no kagami ni utsusareta Nishida tetsugaku », « Une philosophie de la vie en train de se faire. La philosophie de Nishida au miroir de la phénoménologie française » : *Kan* 16 (janvier 2004).

Maine de Biran, Merleau-Ponty et Michel Henry, pour finalement remettre en question les thèses de ces philosophes à partir de la logique nishidienne de la vie. Le travail de Kuroda est un espoir pour la recherche future en philosophie comparée car il montre efficacement qu'il est possible d'ouvrir le système nishidien et de le mettre en rapport avec d'autres univers philosophiques[25].

L'approche relationnelle, quant à elle, a pour essais fondateurs « Amour de soi, amour de l'autre et dialectique », de même que « Je et tu »[26]. Je me suis inscrite dans cette approche pour étudier la relation je-tu[27], mais également d'autres types de relationalité impliqués dans la notion d'auto-identité absolument contradictoire[28]. *La Relation et son lieu*, par exemple, est un petit ouvrage de vulgarisation traitant des rapports entre l'humain et le monde, de même que des rapports interpersonnels[29]. Enfin, ce thème de la relationalité a été exploité très en détail dans *L'Être-soi et l'être-ensemble*[30].

---

[25] Voir aussi KURODA Akinobu, « Le fait primitif chez Nishida Kitarō. Pour une généalogie de l'expérience pure », dans *Actes du premier colloque d'études japonaises de l'Université Marc Bloch, Strasbourg, 5 et 6 mai 2000*, Strasbourg, Université Marc Bloch, 2000 ; « La résonance de la philosophie française moderne chez Nishida Kitarō. Sur l'intimité de la conscience », dans *Tradition et Modernité en Orient et dans les mondes slaves et néo-hellénique. L'inspiration française* (Actes du Congrès international organisé par le GEO, Strasbourg, 25-27 novembre 1999), Publication Langues'O, collection « Colloque Langues'O », 2002.

[26] NISHIDA Kitarō, « Amour de soi, amour de l'autre et dialectique » ; « Je et tu ».

[27] Voir Jacynthe TREMBLAY, « La relation "je-tu" dans la philosophie de Nishida » : *Religiologiques* 29 (printemps 2004) 117-51.

[28] Voir Jacynthe TREMBLAY, « Néantisation et relationalité chez Nishida Kitarō et Watsuji Tetsurō » : *Théologiques* 4 (1996, n° 2) 63-82 ; « La transcendance immanente chez Nishida Kitarō et Karl Rahner » ; *Nishida Kitarō. Le Jeu de l'individuel et de l'universel.*

[29] Voir Jacynthe TREMBLAY, *La Relation et son lieu. Introduction à la philosophie de la relation de Nishida.*

[30] Voir Jacynthe TREMBLAY, *L'Être-soi et l'être-ensemble. L'Auto-éveil comme méthode philosophique chez Nishida*, chapitres 1 et 2.

**4 – Les autres approches**

Les recherches doctorales qui, outre celle de Kuroda, viennent d'être menées à terme en France sont d'un grand intérêt puisqu'elles abordent Nishida sous plusieurs angles différents.

La thèse de doctorat de Britta Boutry-Stadelmann, d'abord, soutenue en 2003 à l'université de Genève, a pour thème le rôle de l'art chez Nishida. Intitulée *La Création artistique chez NISHIDA Kitarō (1870-1945) à travers ses lectures de Fiedler et de Kant dans son texte Art et morale (*Geijutsu to dōtoku*) de 1923*, cette thèse développe deux axes, d'une part l'art en tant que création corporelle selon Fiedler, et d'autre part le beau et son appréciation selon Kant. Elle comporte la traduction intégrale d'*Art et morale* en français, avec glossaire et explications terminologiques[31]. Boutry-Stadelmann a orienté ses efforts en vue de présenter Nishida à la fois comme un philosophe et comme un artiste, puisque lui-même pratiquait la calligraphie et la poésie.

La thèse de doctorat d'Uehara Mayuko, achevée à l'École des Hautes Études en sciences humaines (Paris) sous le titre *Traduire la philosophie japonaise. Mouvements conceptuels et expressifs dans l'œuvre de Nishida Kitarō*, aborde l'importante question linguistique. Uehara s'est attardée principalement aux diverses sources linguistiques du système de Nishida, à la spécificité de sa « langue » et de ses concepts, de même qu'à l'établissement d'un glossaire bilingue. Il faut aussi lui créditer un panorama des recherches sur Nishida en français, en anglais et en allemand.

D'autres travaux sont à classer dans cette approche linguistique, qu'il s'agisse d'étude sur les particules utilisées par Nishida[32], de comparaison entre la structure du français et celle du

---

[31] Voir Britta BOUTRY-STADELMANN, *La Création artistique chez NISHIDA Kitarō (1870-1945) à travers ses lectures de Fiedler et de Kant dans son texte Art et morale (Geijutsu to dōtoku) de 1923. La notion de création chez Nishida Kitarō* (avec la traduction commentée de *Geijutsu to dōtoku*, Art et morale) : http://www.unige.ch/cyberdocuments/theses2003/StadelmannBoutryB/meta.html (2003) .

[32] Voir ASARI Makoto, « La logique du *Basho* de Nishida et les particules », dans *Japon Pluriel 3, Actes du troisième colloque de la Société française des études*

japonais[33] ou encore de l'établissement de glossaires japonais-français[34]. En plus de mettre en jeu le problème de la traduction, ces différents travaux rappellent à quel point est étroit le rapport de conditionnement réciproque entre langage et pensée. Dans ces domaines, les possibilités de recherches futures s'étendent de la morphosyntaxe et de la traductologie à l'étude des structures cognitives, en passant par l'herméneutique, la linguistique comparée et les conditionnements socio-culturels du langage.

Michel Dalissier, finalement, est à certains égards le représentant de l'approche scientifique. Doté d'une formation en physique, il termina en 2005 une thèse de doctorat en philosophie à l'École Pratique des Hautes Études de la Sorbonne et à l'Université de Kyōto. Sa recherche, intitulée *NISHIDA Kitarō. Une philosophie de l'unification*, consiste à réinterpréter Nishida à partir de cette notion[35]. Celle-ci servit à Nishida de moyen en vue de repenser tant les concepts principaux de la philosophie occidentale que les notions de la philosophie orientale. Les enjeux de la notion d'unification se trouvent aux niveaux politique et économique, mais surtout au niveau du rapport critique de Nishida à l'histoire de la philosophie, ainsi qu'aux niveaux épistémologique et métaphysique. Dalissier a devant lui un vaste champ de recherche encore inexploré. Ses travaux, souhaîtons-le, en susciteront d'autres dans le même domaine.

---

*japonaises*, Mas Le Vert, Éditions Philippe Picquier, 1999, p. 211-8.

[33] Voir NAKAGAWA Hisayasu, « Descartes et Nishida. Les présupposés linguistiques de deux philosophies » : *Il Cannocchiale* (1998, n° 1) 81-98.

[34] Voir Britta BOUTRY-STADELMANN, *La Création artistique chez NISHIDA Kitarō* ; Jacynthe TREMBLAY, « Glossaire japonais-français des termes philosophiques de Nishida Kitarō », dans Jacynthe TREMBLAY, *Nishida Kitarō. Le Jeu de l'individuel et de l'universel*, p. 275-322 ; Jacynthe TREMBLAY, « Index des concepts », dans NISHIDA Kitarō, *L'Éveil à soi*, p. 285-96.

[35] Voir aussi NISHIDA Kitarō, « Compréhension logique et compréhension mathématique » : *Ebisu* (2003, n° 31) (*NKZ* 1, 250-67) (trad. commentée Michel Dalissier et Ibaragi Daisuke).

## 5 – Traduire Nishida en français

Le futur de la philosophie de Nishida dans les régions de langue française est directement lié à la traduction française de son œuvre. Le travail est déjà bien amorcé en ce sens mais les traductrices et traducteurs se heurtent encore aux difficultés inhérentes à un travail de pionnier. Parmi ces difficultés s'est retrouvée au premier chef l'absence d'un vocabulaire français susceptible de traduire Nishida. Il a donc fallu établir des glossaires et faire des études de vocabulaire[36]. Ce travail est loin d'être terminé puisqu'il ne peut s'édifier qu'au fil des traductions des différents essais de Nishida, de même que de l'interprétation toujours renouvelée de ces derniers, non seulement de la part d'une traductrice ou d'un traducteur particulier, mais de la part de l'ensemble des chercheurs francophones. Il faudrait favoriser la collaboration et la mise en commun des glossaires déjà établis, publiés ou non, afin de fournir un vocabulaire plus unifié à travers les différentes traductions, sans en gommer pour autant les interprétations individuelles.

Les premières traductions françaises de Nishida ont été dans les domaines de la religion et de la philosophie politique mais ces dernières années, quelques traductions de parties proprement philosophiques de son œuvre sont enfin parues. Le livre intitulé *L'éveil à soi*, traduit par mes soins, est représentatif de cet effort en vue de présenter enfin Nishida comme un philosophe. Le thème de l'auto-éveil apparut en 1917 et connut un approfondissement jusqu'en 1945. Il fut développé par Nishida afin de prendre le contrepied de l'épistémologie de son époque, devenue prédominante au Japon à partir de 1928. L'auto-éveil, en effet, n'est pas la conscience de soi (qu'il s'agisse de sa conception traditionnelle ou de sa reprise par Kant en tant qu'*ego* transcendantal ou par Husserl en tant que conscience éidétique). Nishida fit clairement la distinction entre les deux termes. En réalité,

---

[36] Voir Jacynthe TREMBLAY, « Glossaire japonais-français des termes philosophiques de Nishida Kitarō » ; « Index des concepts » ; « Introduction de la traductrice ».

l'auto-éveil débute là où la conscience de soi atteint ses limites. Intrinsèquement relié à la recherche de la véritable réalité et du véritable soi, il se présente comme un nouveau point de départ de la philosophie.

Cette notion d'auto-éveil est commune aux six essais de Nishida que comporte *L'Éveil à soi*. Résumons-en brièvement les problématiques. Dans le premier d'entre eux, « Le temporel et l'intemporel », l'auto-éveil apparaît inséparablement lié à la question du temps. Les deux essais suivant, à savoir « Amour de soi, amour de l'autre et dialectique », ainsi que « Je et tu », ajoutent à la question de la temporalité celle des relations interpersonnelles. L'auto-éveil y est présenté comme le mode privilégié de la relation à l'autre. Autrement dit, l'identité personnelle du « je » ne provient pas de lui-même mais du « tu » avec lequel il est en relation. Ici, l'auto-éveil n'est pas une conscience de soi mais un accès à soi médiatisé par le rapport au « tu ». Ce même type de rapport se retrace dans l'essai « L'auto-identité absolument contradictoire », dans le cas cette fois des rapports entre l'individu et son milieu, notamment. L'un n'existe jamais sans l'autre, et inversement. De leurs relations sous le mode de l'auto-éveil naissent le monde de la réalité et l'histoire. Enfin, les deux derniers essais présentés dans *L'Éveil à soi* ont pour titre « À propos de l'éveil à soi » et « À propos de la philosophie de Descartes ». Rédigés respectivement en 1943 et 1944, ces essais sont déterminants pour comprendre la notion d'auto-éveil. Leurs contenus sont très semblables et débutent par une reprise et une remise en question du *cogito ergo sum* cartésien qui conduit à cette affirmation : le véritable auto-éveil est celui du soi individuel. Ce dernier s'éveille à lui-même dans la mesure où il se situe dans le monde historique et dans la mesure où il entre en rapport avec la société. En concevant de cette manière le soi à partir du monde (et non pas le monde à partir du soi, comme c'est le cas avec la conscience de soi), Nishida combine directement l'auto-éveil au monde historique et l'élève au statut de forme fondamentale de la réalité.

Tous les types de traduction de Nishida qui ont été effectués jusqu'ici sont importants car ils ont permis de fournir rapidement au lectorat francophone un aperçu de l'évolution de la pensée de Nishida. Il faut cependant noter qu'*Art et morale* (traduit par Boutry-Stadelmann mais non publié) mis à part, ces traductions ont été celles d'essais isolés. En ce qui concerne *L'Éveil à soi*, il ne s'agit pas d'un livre complet de Nishida mais d'un recueil d'essais choisis, ainsi qu'on l'a constaté dans les deux paragraphes précédents. Il faudra donc veiller désormais à traduire plus systématiquement l'œuvre de Nishida.

Non seulement la traduction de Nishida, mais encore les commentaires de son œuvre en français seront déterminants pour le futur des études nishidiennes. Des productions significatives sont déjà parues, qu'il s'agisse de monographies[37], du recueil d'articles[38], d'actes de colloques[39], de l'ouvrage collectif[40] ou de thèses de doctorat (Boutry-Stadelmann, Dalissier, Kuroda, Uehara). Cependant, il demeure indéniable que la production de traductions est directement liée à celle de commentaires, d'où l'importance de favoriser tant des unes que des autres.

## 6 – Les colloques internationaux

Jusqu'à maintenant, les colloques concernant la philosophie japonaise ont été très peu nombreux dans la francophonie. Mais fort heureusement, la renommée de Nishida en France doit beaucoup aux 2 événements organisés à Paris par Augustin Berque en 1996 et 1997,

---

[37] Voir Bernard STEVENS, *Invitation à la philosophie japonaise. Autour de Nishida*, Paris, CNRS Éditions, 2005, 233 p. ; Jacynthe TREMBLAY, *Nishida Kitarō. Le Jeu de l'individuel et de l'universel* ; Jacynthe TREMBLAY, *La Relation et son lieu. Introduction à la philosophie de la relation de Nishida*; Jacynthe TREMBLAY, *Auto-éveil et temporalité. Les Défis posés par la philosophie de Nishida*; Jacynthe TREMBLAY, *L'Être-soi et l'être-ensemble. L'auto-éveil comme méthode philosophique chez Nishida.*

[38] Voir Bernard STEVENS, *Topologie du néant.*

[39] Voir Augustin BERQUE et Philippe NYS (dir.), *Logique du lieu et œuvre humaine* ; Augustin BERQUE (dir.), *Logique du lieu et dépassement de la modernité*, vol. 1 ; Augustin BERQUE (dir.), *Logique du lieu et dépassement de la modernité*, vol. 2 : *Du lieu nishidien vers d'autres mondes*, Bruxelles, Ousia, 2000, 294 p.

[40] Voir Jacynthe TREMBLAY (dir), *Enjeux de la philosophie japonaise du XX^e^ siècle* (à paraître 2007).

dont les actes ont été rapportés dans trois volumes. Ils ont représenté en France un coup d'envoi pour la recherche en philosophie japonaise du XX^e siècle[41]. Les textes que comportent ces volumes sont en majorité philosophiques mais laissent aussi la parole aux sciences sociales, à l'histoire de l'art, à la géographie et à l'architecture. Signalons qu'ont aussi eu lieu les 26 et 27 mars 2004 une conférence et une session d'étude au Centre d'Études Japonaises d'Alsace, sous la responsabilité scientifique d'Asari Makoto (INALCO). La plupart des conférences ont été consacrées à Nishida.

L'année 2005 a vu se produire deux événements majeurs. Le premier d'entre eux a consisté dans deux ateliers de philosophie que j'ai organisés dans le cadre du second congrès du Réseau Asie[42]. Le premier s'intitulait « La philosophie japonaise moderne. Une pratique au carrefour de plusieurs disciplines »[43]. Le second portait sur le thème « Individu, subjectivité et société au Japon. Le point de vue philosophique »[44].

Ces deux ateliers ont suivi une progression qui visait à cerner les dimensions les plus caractéristiques de la philosophie japonaise moderne. Après avoir abordé la problématique d'une philosophie authentiquement japonaise et avoir cerné la situation ontologique de

---

[41] Voir Augustin BERQUE et Philippe NYS (dir.), *Logique du lieu et œuvre humaine* ; Augustin BERQUE (dir.), *Logique du lieu et dépassement de la modernité*, vol. 1 : *Nishida : la mouvance philosophique* ; Augustin BERQUE (dir.), *Logique du lieu et dépassement de la modernité*, vol. 2 : *Du lieu nishidien vers d'autres mondes*.

[42] www.reseau-asie.com (Paris, 28-30 septembre 2005 ; thématique « Arts et littérature »).

[43] Cet atelier comportait les intervenants et les thèmes suivants : Ralf Mueller, « Watsuji et la découverte de la philosophie dans le Japon pré-moderne » ; Sylvain Isaac, « Le problème de l'être et la question ontologique chez Nishitani Keiji » ; Michel Dalissier, « La pensée de l'unification de Nishida Kitarō » ; Kuroda Akinobu, « La “tristesse profonde de la vie” en tant que motivation affective de la philosophie de Nishida » ; Jacynthe Tremblay, « Le testament philosophique de Nishida Kitarō ».

[44] En voici le détail : Britta Boutry-Stadelmann, « Réflexions sur l'individu créatif » ; Joël Bouderlique, « La contribution spécifique de Kimura Bin à la question du fondement phénoménologique de l'existence » ; Pauline Couteau, « Une relecture critique des vues francophones sur la notion d'espace chez Watsuji Tetsurō » ; Brice Fauconnier, « Fascisme à la japonaise, fascisme tout court. Quelques précisions sur un “concept flou” ».

cette dernière par rapport à la métaphysique occidentale, le premier atelier a cherché à préciser certaines thématiques essentielles chez Nishida (comme l'unification ou la tristesse de la vie) et à montrer de quelle manière ses idées philosophiques peuvent éclairer le dialogue interreligieux. Le second atelier a abordé directement les notions d'individu et de subjectivité. Dans cette foulée ont alors été analysées la question de l'existence humaine chez Kimura, la pensée de l'individu et de la société chez Watsuji, ainsi que les questions liées à la tournure que prit au Japon le fascisme du XX^e^ siècle.

Quatre des conférences ont porté directement sur Nishida. La première d'entre elles a examiné l'un des thèmes philosophiques importants qui ont attiré l'attention des philosophes japonais, à savoir celui de l'unification. À première vue plutôt théorique, le thème de l'unification a à voir en premier lieu, et cela dès le *Parménide* de Platon, avec les notions philosophiques de l'un et du multiple, de l'universel et de l'individuel. Il comporte cependant des champs d'application dans tous les domaines de la vie politique et sociale au Japon. Michel Dalissier a choisi d'aborder ce thème d'un point de vue philosophique et comme un moyen privilégié non seulement pour introduire à la pensée de Nishida, mais encore pour renouveler la lecture de l'histoire de la philosophie et de l'histoire des sciences, tant en France qu'au Japon. Envisagé en tant que problème philosophique, le thème de l'unification répond à une « exigence » (要求 *yōkyū*) qui se retrouvait par exemple chez Hermann Lotze et Henri Bergson.

Toujours au niveau des problèmes fondamentaux de la philosophie se présente aussi celui de son origine. À ce titre, la contribution de Nishida est plus qu'originale. Plutôt que l'« étonnement » ou la « question », il place à l'origine du questionnement philosophique une motivation affective qu'il appelle « tristesse de la vie ». Cela n'est pas pour étonner si l'on considère que Nishida divise les facultés humaines en trois grands niveaux, à savoir l'intellectuel, l'affectif et le volontaire. Suivant le schéma général de ce qu'il appelle sa logique du « basho » ou du lieu, le niveau intellectuel est le plus superficiel, c'est-à-dire le moins englobant, et par là même le plus excentré par rapport au « véritable soi ». Le niveau affectif est quant à lui, par rapport au niveau intellectuel, plus englobant et donc, plus en mesure de remettre en perspective le plan intellectuel auquel, trop souvent, on a limité le champ de la pensée philosophique. Le niveau volontaire, le plus englobant des trois et donc le plus fondamental, est celui de la conscience morale et de l'éthique.

Dans le cadre de la recherche du commencement de la philosophie, c'est cependant le niveau affectif qui retint en priorité l'attention de Nishida. Dans sa conférence, Kuroda Akinobu a précisé que la notion nishidienne de tristesse de la vie, souvent considérée comme limitée et négative par rapport à d'autres sentiments, n'est pas la simple répercussion psychologique ou la traduction affective d'une intuition intellectuelle ; elle est un sentiment tout à la fois originaire et générique qui pousse l'être humain à se connaître lui-même. Abordant la notion de « tristesse profonde de la vie » comme un véritable questionnement philosophique, Kuroda s'est attaché à répondre à trois questions, à savoir le statut de cette notion, sa provenance et la raison qui pousse à la considérer comme la motivation de la philosophie. Au terme de son analyse, il a été en mesure d'en brosser à grands traits les caractéristiques, lesquelles rejoignent quelques-uns des thèmes principaux de la philosophie de Nishida, c'est-à-dire les conditions de possibilité de la pensée, l'auto-réflexion, l'articulation des termes contradictoires, le soi corporel, l'auto-éveil et le rapport à autrui.

L'analyse de la manière dont s'est élaborée la philosophie au Japon depuis la fin du XIX$^{e}$ siècle en confrontation à la philosophie occidentale n'aurait pas été complète sans la mise en évidence du problème des logiques qui sont en question. Le premier à avoir élaboré au Japon une logique originale est Nishida. Sa « logique du basho » reprit des pans entiers de ce qu'il considérait comme les éléments les plus féconds de la tradition philosophique occidentale, puis les réorganisa en un système de pensée original qui permet non seulement de sortir des impasses auxquelles a conduit la philosophie moderne, mais aussi de proposer des orientations nouvelles.

Dans le cadre de la dimension interdisciplinaire de cet atelier, j'avais moi-même choisi de montrer quels liens Nishida a établis entre sa logique du basho et sa notion de religion. Ses idées concernant la religion se trouvent cristallisées dans son essai « Logique du basho et conception religieuse du monde » (1945). Cet essai, qui mérite à juste titre l'appelation « testament philosophique », doit être situé dans le cadre plus général de la pensée de Nishida dans son ensemble puisqu'il y fait une relecture de la tradition chrétienne et du bouddhisme en les plaçant, précisément, sous l'éclairage de sa logique du basho, dont l'élaboration est de 20 ans antérieure à cet essai. Ainsi, plutôt que d'aborder directement les thèmes chrétiens et bouddhiques que retient Nishida, puis de tenter de déceler leurs éventuelles correspondances internes, je me suis attardée à brosser un tableau d'ensemble qui fait intervenir les thèmes principaux de la logique du basho, de manière à être en mesure de cerner enfin le point focal de l'essai de Nishida portant sur la religion.

Une autre conférence, celle de Britta Boutry-Stadelmann, a permis de situer la problématique des rapports entre l'individu et la société dans ses aspects les plus généraux, en attirant notamment l'attention sur l'importance d'une étude des structures de la langue japonaise lorsqu'il est question de percevoir autrement l'individu dans ses rapports sociaux. La langue japonaise, en effet, inscrit l'être humain (人間, *ningen*) dans son contexte relationnel. Partant, on ne peut manquer d'être étonné qu'au Japon, la notion d'individu ait quand même été la plupart du temps oblitérée au profit de celle de collectivité. Il est cependant possible d'y déceler une conception positive de l'individu, tant au niveau théorique qu'à celui des pratiques sociales. Ainsi, Nishida traite de l'individu en tant que sujet en action se trouvant soumis au prédicat (le verbe en tant qu'action), tandis que Yamazaki Masakatsu (né en 1926) le présente comme un individu souple au sein de la société.

Le second événement majeur autour de la philosophie japonaise du XX$^{e}$ siècle a été un colloque intitulé « Philosophie japonaise moderne » qui s'est tenu à l'Université de Montréal, les 14 et 15 octore 2005[45].

En tête des contributions sur Nishida venait celle d'Uehara Mayuko en raison de son importance déterminante dans l'approche de la philosophie japonaise. Uehara avait choisi de réfléchir au sujet de la terminologie philosophique de Nishida du point de vue de la traduction. Nishida créa des termes philosophiques à partir de mots d'origine chinoise (*kango*), remettant ainsi en question tant la traduction proposée par ses prédécesseurs que la signification des termes rencontrés à travers sa propre lecture de la philosophie occidentale. Le travail philosophique de Nishida peut être assimilé à celui de la traduction qui, elle aussi, est affaire d'interprétation. Ainsi, le point de vue de la traduction met au jour la question fondamentale de la conceptualisation philosophique chez cet auteur. Dans le but d'examiner cette question, Uehara s'est attardée à trois termes-clés, 主語 (*shugo*), 主観 (*shukan*) et 主体 (*shutai*), tous trois rendus en français par le mot « sujet ». Elle a été en mesure, au terme de son analyse, de reprendre avec profit la question du statut de la traduction elle-même.

Kuroda Akinobu se proposait quant à lui de présenter une comparaison entre la philosophie de Nishida et celle de Maine de Biran, philosophe du « sens intime » qui mérite d'être considéré comme l'un des véritables fondateurs d'une science phénoménologique de la réalité humaine. On ne retrouve pas chez Nishida de réflexions très développées à propos de cet auteur, mais seulement quelques

---

[45] J'ai pu réaliser ce colloque grâce à l'aide que m'a apportée Bernard Bernier (département d'anthropologie) et à une subvention de la Fondation du Japon. Le programme était le suivant : Jacynthe Tremblay, « Philosophes du Japon moderne. Une rencontre avec la philosophie occidentale » ; Uehara Mayuko, « La création des termes philosophiques de Nishida et la question de la traduction » ; Kuroda Akinobu, « L'inspiration de la philosophie française chez Nishida » ; Jacynthe Tremblay, « Du *cogito* à l'auto-éveil. Nishida en dialogue avec Augustin et Descartes » ; Peter Suares, « La critique nishitanienne de Hegel » ; Erin McCarthy, « Une étude féministe de Watsuji » ; Bernard Bernier, « La transcendance chez Watsuji » ; Kazashi Nobuo, « L'intuition agissante et l'invisible chez Nishida, Kimura et Merleau-Ponty. Une réflexion à l'âge post-Hiroshima ».

évocations qui suffisent cependant à montrer son intérêt à l'égard de la philosophie du *sens*, celui qui s'éprouve immédiatement en nous préalablement à tout raisonnement. S'il est impossible de parler d'une influence apparente de de Biran sur la pensée nishidienne, on peut tout de même déceler des résonances ou affinités profondes entre ces deux philosophes, spécialement au niveau où se croisent et s'interpénètrent la notion biranienne de sens intime et la notion nishidienne d'éveil à soi (自覚 *jikaku*). Ce type de comparaison a permis à Kuroda de réaliser deux objectifs. D'une part, il a précisé la nature du tournant décisif de la philosophie nishidienne à la lumière de la philosophie biranienne. D'autre part, il a utilisé la notion cruciale d'éveil à soi afin de ramener la philosophie biranienne au premier plan de la question de la modernité, et cela dans le cadre de l'approche phénoménologique.

La conférence suivante, ma propre contribution, a affronté ce colosse au pieds d'argile qu'est la subjectivité moderne, cristallisée dans le *cogito* cartésien. Prenant acte des apories d'une philosophie de la subjectivité, Nishida se donna pour tâche d'établir un type de philosophie qui va non pas de la raison vers les faits, mais qui adopte pour centre de gravité le monde historique, dans lequel se situe toujours déjà le sujet, lequel est à son tour compris comme l'une des autodéterminations du monde. Pour mener à bien cette tâche, Nishida reprit la méthode du doute radical cartésien et la poussa jusque dans ses ultimes conséquences. Il fut de cette manière en mesure d'approfondir sa propre notion d'auto-éveil et de proposer une conception plus globale de l'être humain, c'est-à-dire un soi conçu comme une personnalité en relation avec un “tu” dans le monde historique. Cette contribution a montré aussi que dans la mise à distance de la subjectivité moderne, Nishida mit souvent en contraste Descartes et Augustin, car le mérite de ce dernier est d'avoir fait porter l'accent sur le monde historique, d'avoir élucidé la signification de la personnalité et, par consequent, d'avoir cerné pour la première fois ce que Nishida appelle l'auto-éveil.

*Chapitre 2*

# PISTES DE RECHERCHE

Dans quelques années, la publication de *Recherches sur le bien* remontera déjà à cent ans. C'est dire que la philosophie de Nishida a pris de l'âge. On pourrait être en droit de se demander à quoi elle peut bien être encore utile désormais et ce d'autant plus que Nishida lui-même ne fournit que très rarement des indications quant aux prolongements pratiques de sa pensée. Les reproches qu'on est en droit de lui adresser à ce sujet font fond sur une exigence souvent démesurée à son endroit. Devant l'ampleur du personnage, on aurait souhaîté qu'il eût construit un système philosophique achevé, touché à toutes les questions d'enjeu social, éthique et politique ; bref, on se serait attendu à ce qu'il eût réponse à tout.

Cette remarque n'a pas pour fin d'excuser les lacunes de la philosophie de Nishida, par exemple la faiblesse de sa philosophie politique au niveau théorique. Elle vise à attirer l'attention sur le fait que celles-ci peuvent, dans un renversement de perspective, être considérées plutôt comme des tâches à accomplir. S'il est vrai que la philosophie de Nishida a « vieilli » et que plusieurs des questions qui la mobilisèrent autrefois (comme le dialogue avec le néokantisme) sont devenues de nos jours d'un intérêt limité, cela n'autorise pas encore à affirmer qu'elle est bonne pour le musée. Ses lacunes mêmes sont autant d'indications de thèmes de recherche laissés à la tâche des successeurs. Mon intention est donc de proposer dans ce chapitre quelques-unes de ces pistes de recherche.

## 1 – Philosophie comparée

La première d'entre elles a trait à l'épistémologie et à la logique. Passablement de gens reconnaissent aujourd'hui les limites des logiques formelle et métaphysique. Les logiques de Nishida (logique du basho et logique de l'auto-identité absolument contradictoire) viennent répondre à l'exigence de cette « autre logique » que Derrida appelait de ses vœux afin de sortir des ornières des dualismes et du subjectivisme[1]. Bien qu'il eût critiqué les logiques occidentales et en eût décelé les différentes limitations, Nishida n'entendit pas pour autant les rejeter pour les remplacer tout bonnement par les siennes. Son but fut de les situer dans un cadre plus « englobant » et de les ramener à leurs racines propres. Il s'appliqua avec acharnement, et dans plusieurs des cas avec succès, à ce travail de compréhension et de réinterprétation. Or, pareille entreprise était évidemment trop ambitieuse et démesurée pour un seul homme. En ce sens, une tâche imposante attend la recherche future : faire un travail exhaustif de comparaison entre les logiques occidentales et celles de Nishida, étant entendu que ces dernières se développèrent à la fois à partir des critiques adressées à la philosophie occidentale et à partir d'une reprise de données philosophiques en provenance de diverses traditions orientales.

L'effort de Nishida dans le domaine de la philosophie comparée comporte un caractère original qui n'est plus à démontrer. Toutefois, ce n'est jamais de manière exhaustive qu'il s'attacha à étudier un auteur. Il est vrai que beaucoup de ses essais s'appliquent à une comparaison entre certains points particuliers de sa philosophie et l'un ou l'autre philosophe. Mais en général, les allusions aux philosophes occidentaux sont disséminées dans l'ensemble de son œuvre. Pour montrer l'originalité de la comparaison qu'il s'efforça d'établir, il est indispensable de la part des chercheurs et chercheuses actuels de refaire pour leur propre compte ce travail comparatif en tenant compte non seulement de tel ou tel essai particulier concernant le philosophe qui fait l'objet de leur étude mais de toutes les évocations de ce même philosophe dans l'ensemble des écrits de Nishida. C'est ce à quoi je me suis appliquée dans le cas d'Augustin par exemple, dans le livre *Auto-éveil et temporalité*[2].

Certains pourront mettre en doute la pertinence d'une telle entreprise de philosophie comparée, surtout si la philosophie de

---

[1] Voir la section 3 du chapitre suivant.

[2] Voir Jacynthe TREMBLAY, *Auto-éveil et temporalité. Les Défis posés par la philosophie de Nishida*, Paris, L'Harmattan, 2007.

Nishida leur apparaît, en une lecture trop superficielle, désormais dépassée. Mais est-il encore vraiment nécessaire de faire remarquer que la philosophie euro-américaine évolue depuis déjà trop longtemps dans un cercle clos et qu'un décloisonnement de ses propres frontières ne peut que lui être salutaire et la conduire à mieux s'évaluer et se comprendre elle-même ?

### 2 – Un nouveau modèle social

Un second enjeu de taille posé par la philosophie de Nishida est d'introduire en sociologie, en psychologie et en politologie sa réflexion concernant la relationalité. En effet, l'individualisme qui caractérise nos sociétés occidentales, s'il permit une promotion sans précédent de la personne humaine, eut sans contredit son versant négatif d'égocentrisme et de dégradation progressive du tissu social. À l'inverse, les totalitarismes du XX$^{e}$ siècle firent fi de millions de vies humaines. Nishida, partagé qu'il était entre sa fascination pour les aspects positifs de l'individualisme occidental et sa propre culture collectiviste, développa une philosophie de la relation susceptible de repenser fructueusement les relations interpersonnelles, de même que les rapports entre individu et société dans les sociétés contemporaines.

Cette tâche vaut pour l'Occident mais aussi pour le Japon actuel, quoique l'accentuation soit différente. Le modèle de relationalité proposé par Nishida (et aussi par Watsuji qui s'inspira en majeure partie de ce dernier) reprend des éléments à la fois de l'individualisme occidental et du collectivisme japonais. Cependant, il est en quelque sorte « idéal » ; autrement dit, il n'est pas le reflet exact du type de relations humaines rencontrées au Japon. Beaucoup de gens ont été enthousiasmés à bon droit par les potentialités impliquées par exemple dans le terme watsujien 人間 (*ningen*, être humain). Malheureusement, le genre de relations humaines qui existe effectivement au Japon engendre en même temps l'exclusion. N'entre pas dans un groupe (仲間, *nakama*) qui veux. Tout type de groupe est un cercle très fermé où est difficilement tolérée la moindre différence trop marquée de personnalité, de comportement ou de classe. On connaît le cas des Coréens résidant depuis longtemps au Japon et que rien en apparence ne distingue des Japonais, sauf qu'ils demeurent l'objet de cette discrimination larvée. La même dynamique, souvent extrême dans le cas des étrangers, se retrouve au niveau des Japonais entre eux ; elle se manifeste par une suprême indifférence à l'égard de quiconque ne trouve pas grâce aux yeux du groupe. D'où l'importance d'une perspective comme celle de Nishida qui prône un juste équilibre entre l'individualité et le groupe. Il demeure néanmoins que le mode de relationalité japonais est tellement ancré dans la culture et est devenu tellement inconscient que bien rares sont ceux qui voient la nécessité d'en changer, leur fût-elle proposée par les plus éminents philosophes. C'est ici qu'on mesure la difficulté d'un essai de prolongement « pratique » de la philosophie de Nishida puisqu'on se heurte à des résistances sociales réelles.

### 3 – La tâche de la mésologie

Un autre type de relationalité nishidienne, entre l'individu et son milieu cette fois, a directement à voir avec un problème d'actualité criante puisqu'il décidera de la qualité de vie des prochaines générations : la protection de l'environnement. Sur ce point, on peut être plus optimiste quant à la fécondité et à l'effectivité de la philosophie de Nishida. Elle pose une fois de plus la question des rapports de détermination et de création réciproques entre l'individu et son milieu (compris en un sens plus global que le simple environnement physique). On sait en effet quel sort notre génération est en train d'infliger à son milieu. Pour rappeler quelques lieux communs : la béance menaçante dans la couche d'ozone, la modification du climat, la pollution qui nous vaut tant de défaillances physiques diverses, la rareté de l'eau potable, l'épuisement des sols, l'accumulation des déchets. Sur cette base moins que réjouissante, la question qu'il est urgent de poser est la suivante : le milieu devenant progressivement invivable, qu'adviendra-t-il, en un juste mouvement de retour, de l'être humain de demain qui naîtra de ce milieu ? Il est heureux de constater que de plus en plus de gens, malgré d'évidentes lenteurs de réaction, sont conscients de ces problèmes et ce, aux plus hauts niveaux politiques. Mais en attendant des décisions et des résultats concrets à grande échelle, tout un petit peuple industrieux dans les zones les plus pauvres du monde, le corps ravagé par ce que son milieu n'est plus en mesure de lui offrir, s'applique à recycler, pour survivre, le moindre débris qui tombe de la table trop bien garnie des nantis.

### 4 – À la recherche d'un nouveau paradigme théologique

Une quatrième tâche léguée par la philosophie de Nishida a trait à la religion comparée. Cette tâche est d'ailleurs la première à laquelle s'attelèrent les commentateurs occidentaux de Nishida, surtout à travers une mise à jour des sources bouddhiques de sa philosophie. Le risque, toutefois, demeure de tenir encore cette dernière pour une simple curiosité culturelle. Il est à espérer que désormais, Nishida sera considéré comme un interlocuteur sur le propre terrain de la théologie chrétienne. Il y a là tout un champ de recherche à peine entamé. La manière dont Nishida référa à la théologie chrétienne et la mit en relation avec ses propres thèmes philosophiques est susceptible de lui apporter un éclairage nouveau et d'en revivifier la conceptualité souvent usée et stérile. Enfin, la façon dont il relut et intégra les courants mystiques occidentaux fournit ample matière en vue de renouveler la compréhension de l'expérience spirituelle et permettre à cette dernière de briser les carcans conceptuels dans lesquels l'ont enfermée les dogmatismes.

Lorsqu'on considère la philosophie japonaise dans son ensemble, on constate qu'y est absente la stricte séparation qui fut faite en Occident entre philosophie et théologie. Ce type de cloisonnement des disciplines n'empêcha cependant pas les philosophes occidentaux d'adopter des thèmes théologiques et d'en faire des éléments importants de leurs philosophies. Et pourtant, personne ne songerait à les qualifier de théologiens et à exclure par conséquent leurs ouvrages des rayonnages de philosophie dans les bibliothèques et des librairies. C'est malheureusement ce qui s'est produit dans le cas des ouvrages des philosophes japonais, tant au Japon qu'en Occident. On les trouve, au mieux, parmi les livres traitant de religion ou, dans le pire des cas, dans le voisinage des livres portant sur le tarot et le tantrisme (je n'invente rien). Cette réalité a pour conséquence de masquer le projet qui fut celui des philosophes japonais, à savoir la production d'une philosophie qui réponde à tous les critères de scientificité et de rigueur qui définit la science occidentale. Que la philosophie japonaise ait intégré dans certains cas davantage de thèmes religieux que son homologue occidental ne devrait pas conduire à la discalifier.

La prudence s'impose donc dans le traitement d'une possible contribution de Nishida et des philosophes japonais à un dialogue sur le terrain même de la théologie chrétienne, de manière à ne pas perdre de vue qu'ils se considéraient d'abord comme des philosophes et écrivaient en conséquence. Il faut surtout faire attention à ne pas prendre pour acquis qu'un même thème, par exemple « Dieu », signifie pour eux la même chose que dans la théologie occidentale. Pour éviter de tomber dans ce piège facile, il est préférable d'écarter toute recherche systématique de correspondance de vocabulaire, bref, toute comparaison qui prétend faire l'économie des multiples couches de significations impliquées ou mises en œuvre dans des vocables en apparence similaires.

Le double piège à éviter est donc le suivant : laisser entendre que les philosophes japonais sont des théologiens qui s'ignorent et tenter de récupérer leurs problématiques au profit de la théologie occidentale. On tomberait inévitablement dans ces ornières si on se limitait à une simple comparaison d'ordre thématique. Ce n'est pas parce qu'on parle de Dieu, voire du diable comme le fait parfois Nishida en un sens métaphorique, qu'on a édifié un système théologique achevé. Ce n'est pas, non plus, une raison pour avancer que la philosophie japonaise du XX<sup>e</sup> siècle n'a de philosophique que le nom. En somme, l'enjeu consiste à trouver un juste équilibre entre d'une part une perspective théologique réductrice qui a tendance à canoniser toute pensée faisant allusion à des thèmes tirés de la théologie, et d'autre part une perspective philosophique étriquée qui crie aux sorcières lorsqu'un philosophe paraît porter atteinte à la « pureté » de la pensée philosophique en introduisant des notions ayant trait, de près ou de loin, à la religion.

Face à cette situation, l'important n'est pas tant d'effectuer un travail de religion comparée ou d'apporter une contribution de plus au dialogue interreligieux que de se mettre à la recherche d'un nouveau paradigme théologique fondé sur la philosophie de Nishida. Cette affirmation paraîtra pour le moins iconoclaste si on prend en considération que l'écrasante majorité des commentaires portant sur l'école de Kyōto ont été précisément centrés sur le dialogue interreligieux et de la religion comparée. Or, l'intérêt de la recherche d'un nouveau cadre conceptuel pour la pensée théologique est qu'elle se situe au niveau philosophique ; en cela, elle rend justice à l'intention fondamentale des philosophes japonais. Nishida, pour ce qui le concerne, a tout fait pour éviter que sa philosophie soit comprise comme une simple explication philosophique du bouddhisme Zen. Sa pensée ne saurait donc être réduite à l'une ou l'autre des « religions orientales », puis comparée dans un second temps à une autre religion, en l'occurrence le christianisme.

De plus, on pourrait trop facilement perdre de vue qu'un dialogue interreligieux ou une recherche en religion comparée requiert une connaissance approfondie, voire même une longue pratique, des deux religions en question. Or, qui peut se prévaloir d'une telle compétence ? Combien sont ceux et celles qui, par exemple, sont parvenus à pénétrer la substance des concepts bouddhiques et la réalité expérientielle qu'ils véhiculent ?

Loin de moi l'idée de nier l'importance et la nécessité des recherches en religion comparée. Mais dans le but explicite d'apporter une contribution nouvelle à la recherche concernant Nishida, il est autrement plus fécond de l'aborder pour ce qu'il est vraiment, c'est-à-dire comme un philosophe, et d'examiner de quelle manière sa pensée peut fournir à la théologie occidentale un cadre logique et conceptuel susceptible de la renouveler. Nishida lui-même référa beaucoup à la théologie et à la mystique occidentales, mais toujours dans le but d'approfondir ses propres thèmes philosophiques.

## 5 – La signature de Bach

La cinquième piste de recherche a trait à l'esthétique. Nishida en traita surtout dans son ouvrage de 1923 intitulé *Art et morale*, du point de vue de la peinture, de la sculpture et de la calligraphie. À ma connaissance, il ne s'attarda pas au domaine musical. C'est cependant sur ce dernier que j'aimerais attirer l'attention, en majeure partie parce qu'il s'agit de la forme d'art avec laquelle je suis le plus familière.

L'esthétique nishidienne s'articule autour de nombreux thèmes ; l'un d'entre eux, privilégié, est celui de néant absolu[3]. Où l'introduira-t-on en musique ? Nulle part ailleurs que là où, quoi qu'on en pense, il se trouve déjà, c'est-à-dire dans les silences et, surtout, le point d'orgue, qui n'est autre qu'un silence à un point suréminent prégnant de sens.

Quest-ce, d'abord, qu'un silence ? Est-ce le témoin d'une panne d'inspiration de la part du compositeur ? Certes non. Ou alors, un temps nécessaire alloué à la chanteuse pour reprendre son souffle ?, au violoniste pour placer son archet dans la position idoine ?, ou à la

---

[3] On objectera qu'on ne sait trop que faire d'une notion issue de la tradition orientale et que tout essai de comparaison avec l'esthétique occidentale ne reposera sur aucune base commune un tant soit peu solide. On concèdera tout au plus que cette notion peut être mise en rapport dans le domaine de la mystique avec le néant eckhartien, avec cependant cette réserve que notre monde contemporain a peu à voir avec un théologien mystique issu d'un lointain passé, et avec la mystique tout court. Je répondrai : plus de choses qu'il n'y paraît, s'il est vrai que pour Nishida, le niveau de l'éthique et de la religion est celui qui est le plus proche du néant absolu, qui lui-même n'est autre que le mouvement d'auto-négation permettant la mise en relation de tout ce qui relève du domaine de l'être. Après le niveau de l'éthique et moins englobant que lui (mais plus englobant cependant que le niveau intellectuel et cognitif), se trouve celui de l'esthétique qui retient ici mon attention, champ d'action de ce que Nishida appelle le « soi affectif ».

pianiste pour atteindre les extrémités du clavier ? Beaucoup de cela, sans doute, mais pas uniquement. Le silence est avant tout l'instant (de durée déterminée) à partir duquel prennent tout leur sens ce qui vient avant et ce qui suit. En réalité, l'ensemble d'une pièce musicale semble surgir des silences eux-mêmes, qui lui confèrent beauté et cohérence. Il ne s'agit pas là d'un effet de lyrisme de ma part mais d'une expérience réelle à la portée de tout interprète et de tout mélomane, pour peu qu'il porte une attention exclusive à la musique interprétée ou écoutée.

Une autre particularité du silence est son caractère présent. Nishida identifie le moment présent au néant absolu puisque c'est dans le moment présent que la conscience exerce sa faculté d'attention. Dans la même perspective, le silence n'est expérimenté ni par le « je » de l'instant précédent, ni par celui de l'instant suivant, mais par le « je » présent qui, lors d'un silence en musique, est en mesure de s'auto-éveiller à titre de néant absolu. Double est la révélation qui advient grâce au silence : celle de la partition musicale à l'interprète et à l'auditoire, et celle de l'interprète et de l'auditoire à eux-mêmes. D'où l'on voit que la notion de néant absolu n'a rien d'ésotérique ni n'est le domaine réservé de quelque faculté de perception qu'on retracerait uniquement en Asie.

Le *summum* de l'art du silence est le point d'orgue. Il s'agit d'un silence dont la durée est laissée à la discrétion de l'interprète. Les préludes et fugues pour orgue de Jean-Sébastien Bach en fournissent les exemples les plus probants, à la condition toutefois qu'ils soient exécutés dans une église ou un temple dont l'acoustique permet un effet d'écho équilibré. Une fois rendu au point d'orgue, placé en général par Bach quelques mesures avant la fin du prélude ou de la fugue qui le suit, l'interprète s'interrompt, laissant à l'écho le soin de porter le son jusqu'à son expiration, à laquelle fait suite un silence si assourdissant et si présent qu'il porte le sens esthétique à des sommets inégalés. C'est là à mon avis une exemplification parfaite de ce que Nishida entend par « néant absolu ».

Parfois aussi, Bach place le point d'orgue à la toute fin d'un choral et au-dessus d'un silence, alors que la dernière note a déjà été écrite. Ce procédé paraît bien inutile puisque la pièce semble bel et bien terminée. Cependant, s'il advient que l'interprète a un sens artistique suffisamment développé pour faire percevoir à l'auditoire ce silence final surmonté de son point d'orgue, personne dans l'auditoire, quand bien même la pièce sera terminée, n'aura l'idée de remuer et encore moins d'applaudir l'interprète, et cela durant un laps de temps qui peut durer assez longtemps. Tout l'auditoire fait alors, quoique de manière non thématique, l'expérience je ne dirai pas « du néant absolu » puisque ce dernier n'est pas un objet parmi d'autres dont on pourrait faire l'expérience, mais une expérience qui est « de l'ordre du néant absolu ».

Une autre notion concernée par l'esthétique de Nishida et qui paraît décidément moins absconde que celle de néant absolu est celle d'union sujet-objet. Il ne s'agit pas là du produit de quelque intuition mystique d'ordre strictement subjectif mais bien du mode d'être des faits du monde historique ; de ce dernier, le mode de connaissance qui procède par séparation du sujet et de l'objet n'est que l'une des déterminations possibles. La notion d'union sujet-objet dans ses liens à l'esthétique n'est pas nouvelle, tant s'en faut. Dans *Vérité et méthode*, par exemple, Gadamer l'analysa dans le cadre du jeu notamment. Kimura Bin, musicien lui-même et situé à l'avant-garde de la recherche mondiale en psychiatrie, en traita lui aussi à l'occasion de son exposition de l'interprétation musicale. Gardant les problématiques de Gadamer et de Kimura pour une autre fois, j'attirerai simplement l'attention sur les quelques points suivants.

L'interprétation musicale a ceci de particulier qu'elle implique le corps, en totalité ou en partie, dans ses rapports avec l'instrument de musique. Lorsqu'est dépassé le moment d'acquisition proprement technique de la partition, lorsque le corps a parfaitement intégré les moindres mouvements physiques à effectuer pour que lui réponde l'instrument, interprète et morceau interprété en arrivent à former un tout indissociable, à la condition toutefois que l'interprète, en sus des éléments mentionnés, ait l'esprit totalement attentif au moment précis de son interprétation. Se met-il à s'inquiéter du jugement de l'auditoire ou à se préoccuper de la fatigue physique qu'il commence peut-être à éprouver, son jeu s'en ressent immédiatement ; il devient par rapport à la musique qu'il interprète et par rapport à lui-même un sujet observant. C'est alors que les erreurs peuvent survenir et que l'auditoire se met à regarder le plafond. La parfaite attention de l'interprète dans l'instant présent a, encore ici, une répercussion directe sur l'auditoire parce qu'à travers la musique, ce dernier s'éveille à lui-même d'une façon qui échappe au talent et au pouvoir de l'interprète.

Un autre exemple très intéressant dans le cadre d'une tentative de comparaison avec la philosophie japonaise est celui, bien connu mais non moins curieux, de la « signature de Bach »[4]. Selon la notation musicale allemande, les lettres formant le nom de Bach correspondent chacune à une note précise de la gamme. « B » correspond à « si bémol », « A » à « la », « C » à « do » et « H » à « si bécarre ». Ces quatre notes B.A.C.H. mises les unes à la suite des autres forment un motif musical qui se retrace à de très nombreuses reprises dans l'œuvre de Bach. De sa part, le procédé était tout à fait intentionnel. Prenons un exemple parmi tant d'autres, celui de L'Art de la fugue. Cet ensemble est composé de 14 fugues et de 4 canons, tous créés à partir d'un même « sujet » ; il est exécutable sur tous les types d'instruments à clavier. La quatorzième de ces fugues, laissée inachevée, ajoute au « sujet » principal deux autres sujets, le dernier d'entre eux étant précisément la formule B.A.C.H. Ici comme ailleurs, Bach intégra sa signature et donc lui-même de façon harmonieuse dans l'ensemble du morceau musical. C'est là à mon avis une excellente illustration de ce que Nishida appelle « union sujet-objet ». Dans ce cas précis de la signature de Bach, il est impossible de distinguer une subjectivité séparée, celle d'un compositeur construisant son objet, en l'occurrence la fugue inachevée en question. La mention de cet exemple comporte toutefois une limite

---

[4] Voir par exemple l'analyse fournie par Marinus KASBERGEN et Kees VAN HOUTEN dans *Bach et le nombre. Une recherche sur la symbolique des nombres et les fondements ésotériques de ceux-ci dans l'œuvre de Johann Sebastian Bach*, Liège, Mardaga, 1992, 295 p.

car il est difficile de faire entendre à l'aide de mots ce qui est perceptible surtout à l'audition de l'œuvre en question.

Ce n'est pas parce que je fais appel à un compositeur du passé – apprécié somme toute aujourd'hui par un nombre restreint de gens – pour essayer de montrer que les difficiles notions de Nishida, en l'occurrence celles de présent et de néant absolu, font en réalité partie de l'expérience quotidienne, qu'il faudrait croire qu'elles sont le lot réservé de quelques esthètes. Elles sont à la portée de tout un chacun, à toutes les époques et dans toutes les formes d'art, pour peu qu'on s'y rende attentif. L'exposition par Nishida de ses notions d'auto-éveil, de présent et de néant absolu (pour ne mentionner que celles-là) est difficile à suivre, même pour les philosophes avertis. Elles sont cependant beaucoup plus accessibles une fois reprises dans le domaine des différentes disciplines artistiques.

**6 – Une philosophie soucieuse de la scène contemporaine**

Venons-en finalement à la question de l'engagement politique de Nishida à propos duquel on a beaucoup écrit, tellement que jusqu'à ces dernières années, on en avait presque oublié de présenter Nishida comme le philosophe qu'il était. Je n'ajouterai pas une voix de plus à celles qui se sont élevées sur le sujet, d'autant plus que je n'ai pas la formation de politologue qui me permettrait de le faire avec quelque pertinence. J'attirerai simplement l'attention sur le fait que les critiques adressées à l'engagement politique de Nishida ont négligé massivement l'histoire présente. Or, son attitude concernant la politique internationale de son époque, bien qu'elle remonte à plusieurs décennies déjà, n'est pas, tant s'en faut, uniquement de l'histoire passée. Ses réactions face à l'impérialisme européen en Asie peuvent être revues à la lumière des événements internationaux des dernières années et aider à comprendre (je ne dis pas justifier dans tous les cas) dans une certaine mesure les attitudes des insoumis de la terre face à l'impérialisme américain et à la mondialisation à tous crins. Le mélange de fascination et de tendance au repli nationaliste qu'éprouvait

Nishida face à la culture européenne d'alors n'est pas étranger aux efforts actuels de nombreux peuples en vue de partager les richesses matérielles, culturelles et intellectuelles des nantis, tout en préservant leurs propres identités nationales et culturelles.

En ce sens, une réflexion sur l'engagement politique de Nishida gagnera beaucoup dans le futur à se déplacer, du simple reportage historique, à une réflexion sur ses enjeux dans le cadre de l'histoire contemporaine. Nul n'est besoin d'être spécialiste de ces questions pour constater quelques évidences. Par exemple, sous quel jour apparaîtraient maintenant l'« engagement » politique de Nishida, ses nombreux appels à la modération et sa philosophie culturelle, une fois ceux-ci replacés dans le contexte du retour à droite de larges factions de la population japonaise auquel on assiste depuis quelques années ?, des tentatives du gouvernement japonais actuel en vue de modifier la constitution de manière à octroyer à son armée des capacités plus que seulement défensives ?, du ressentiment et de l'inquiétude croissants de la population chinoise à l'égard du Japon ? Bref, quand commencera-t-on enfin à profiter des leçons de l'histoire ? Un réexamen de l'attitude de Nishida face à l'ultranationalisme de son époque permettrait d'éviter la répétition de certains silences et, comme Nishida le tenta sans grand succès, d'enjoindre trop d'irréfléchis de mettre la pédale douce face à des partenaires asiatiques sans lesquels le Japon ne pourra continuer à assurer sa croissance économique et, tout simplement, humaine.

Nishida a traité de la question politique dans ses écrits à caractère explicitement politique[5]. Mais cela ne signifie pas qu'elle ne

---

[5] Voir『国家理由の問題』(Kokka riyū no mondai, Le problème de la raison d'état), dans *NKZ* **10**, p. 265-337 ;『日本文化の問題』(Nihon bunka no mondai, Le problème de la culture japonaise), dans *NKZ* **12**, p. 275-383 ;『学問的方法』(Gakumonteki hōhō, la méthode académique), dans *NKZ* **12**, p. 385-394 ;『哲学論文集第四補遺』(Tetsugaku ronbunshū daiyon hoyui, Supplément aux Essais philosophiques 4), dans *NKZ* **12**, p. 397-434. Ce titre regroupe deux essais de Nishida. Il s'agit de『国体』(Kokutai, L'essence nationale), dans *NKZ* **12**, p. 397-426, et de『世界新秩序の原理』(Sekai shin chitsujo no genri, Le principe du nouvel ordre mondial), dans *NKZ* **12**, p. 426-434.

se retrouve pas ailleurs, loin de là. Dans son essai « L'auto-identité absolument contradictoire », par exemple, il dit à qui veut bien avoir l'obligeance de lire entre les lignes qu'

> en ce qui concerne ce qui est donné pour nous dans le monde de l'auto-identité absolument contradictoire, cela doit être donné en tant que tâche (課題 *kadai*)[6]. Celle-ci nous est imposée afin que nous formions quelque chose dans ce monde. Là se trouve notre vie. Nous naissons en ayant une tâche dans ce monde. Le donné n'est ni une chose devant être niée, ni une chose médiatisant ou étant médiatisée. Il est donné pour être réalisé. Autrement dit, il est donné corporellement. Nous ne sommes pas nés dans ce monde les mains vides. Nous sommes nés en étant dotés d'un corps. Le fait même de naître en ayant un corps suppose à la fois qu'une tâche est déjà accomplie là par la nature historique (comme, par exemple, la réalisation des yeux des insectes) et qu'une tâche infinie est impliquée, laquelle est auto-identité contradictoire. Que nous naissions en ayant un corps signifie que nous naissons en assumant une tâche infinie. Ce qui est vraiment donné directement pour notre soi agissant doit être, à titre de grave tâche, une chose qui nous fait face (臨む *nozomu*) objectivement (*NKZ* **9**, 180-1).

Ce genre d'affirmation de Nishida contredit l'opinion selon laquelle sa philosophie est demeurée « contemplative » et peu soucieuse des réalités historiques. Il est vrai que son langage philosophique peut sembler très technique, voire rébarbatif, et que les exemples concrets n'abondent pas dans ses textes. Mais enfin, c'est à nous d'y voir clair, de l'étudier sérieusement et d'essayer de montrer de quelle manière ce type de philosophie et les thèmes principaux qu'elle met en œuvre peuvent jeter une lumière nouvelle sur les questions politiques et sociales qui sont pour nous vitales aujourd'hui.

---

[6] Dans le sens de « devoir à accomplir ».

*Chapitre 3*

# POUR COMPRENDRE LA « LOGIQUE DU BASHO »

## 1 – Une logique d'englobement

Nishida apporta une configuration définitive à sa logique du basho (場所的 *bashoteki*)[1] à partir de 1926, surtout dans l'essai intitulé « Basho »[2], puis dans l'ensemble du livre *Le Système des universels conformément à l'auto-éveil* (1930) [3]. Ce type de logique, pourrait-on dire, fonctionne un peu comme des poupées russes[4]. Faites de bois et vivement colorées, ces dernières ont ceci de particulier qu'elles sont emboîtées les unes dans les autres. Elles sont en nombre variable. Nous en prendrons quatre.

La première a deux caractéristiques. D'abord, elle contient en elle les trois autres poupées plus petites qu'elle. Autrement dit, ces trois dernières sont « contenues » ou « englobées » dans la première en tant que son « contenu ». L'autre particularité de cette poupée est qu'elle est la plus grosse de toutes. Aucune ne la surpasse en extension. Elle contient trois poupées, mais n'est elle-même contenue dans aucune poupée plus grosse qu'elle. Sa fonction est donc extrêmement importante puisqu'elle est le « lieu » dans lequel se situent les trois

---

[1] Pour une explication détaillée de la logique du basho, voir Robert Joseph WARGO, *The Logic of Nothingness. A Study of Nishida Kitaro*, Honolulu, University of Hawaii Press, 2005, 241. Ce livre est la thèse de doctorat de Wargo soutenue en 1972 ; elle avait été jusqu'à cette date disponible uniquement en microfilm. Deux autres ouvrages en sont directement redevables : Robert E. CARTER, *The Nothingness Beyond God. An Introduction to the Philosophy of Nishida Kitarō*, New York, Paragon House, 1989, 191 p. ; Jacynthe TREMBLAY, *Nishida Kitarō. Le Jeu de l'individuel et de l'universel*, Paris, CNRS Éditions, 2000, 334 p.

[2] NISHIDA Kitarō, 「場所」 (Basho), dans 『働くものから見るものへ』 (Hataraku mono kara miru mono he, De ce qui agit à ce qui voit), *NKZ* **4**, p. 208-89.

[3] NISHIDA Kitarō, 『一般者の自覚的体系』 (Ippansha no jikakuteki taikei, Le Système des universels conformément à l'auto-éveil), *NKZ* **5**.

[4] Mon propos est ici d'apporter une comparaison de manière à faciliter la compréhension de la logique du basho. Ne perdons toutefois pas de vue qu'il s'agit seulement d'une comparaison et qu'il ne faudra pas contraindre en un second temps la logique du basho de manière à la conformer à cette comparaison.

poupées plus petites. Plus encore, elle ne se situe elle-même dans aucun autre lieu.

Nishida n'utilise pas lui-même cette comparaison des poupées russes. Pour exemplifier sa logique du basho, il parle plutôt, s'appuyant sur la géométrie, d'une série de cercles concentriques. Le plus vaste d'entre eux est un cercle sans circonférence dont le centre est partout et la circonférence nulle part. C'est, autrement dit, un cercle infiniment grand qui englobe tous les autres cercles, mais qui n'est lui-même contenu dans aucun cercle. Apparaissent déjà ici les deux éléments principaux de la logique nishidienne du basho, à savoir le « ce en quoi » (於いてある場所 *oite aru basho*) et le contenu (於いてあるもの *oite aru mono*).

Ces deux comparaisons, celle de la plus grosse poupée russe et celle du cercle infiniment grand, permettent de mieux comprendre ce que Nishida entend par « néant absolu » (絶対無 *zettai mu*). C'est là une notion d'une extrême difficulté. En effet, il est impossible de fournir une définition du néant absolu, puisqu'il n'est absolument « rien ». Il n'est pas une chose, si englobante soit-elle, qu'on pourrait nommer, classifier ou conceptualiser. On ne peut en aucun cas en faire un « objet » de connaissance. Tout ce qu'on peut en dire est qu'il est un basho, celui dans lequel se situent toutes choses (qu'il s'agisse du monde de la nature, des individus et de la connaissance), le basho dans lequel toutes sont en relation. Dire du néant absolu qu'il est tel un cercle infiniment grand, ou semblable à la plus grosse poupée d'un jeu de poupées russes, consiste à mettre l'accent sur le fait que le néant absolu ne peut être connu. Mais il n'en demeure pas moins qu'il est possible de montrer exactement le rôle qu'il joue dans l'ensemble de la philosophie de Nishida. C'est ce que je ferai, toujours à l'aide des poupées russes.

La seconde poupée a ceci de semblable à la première qu'elle est de structure englobante ; elle contient ou englobe deux poupées plus petites qu'elle et qui en forment le contenu. Elle diffère toutefois de la première en ceci que par rapport à celle-ci, elle a elle-même le statut de contenu. Ainsi, la seconde poupée a pour lieu la première, tandis qu'elle est elle-même le lieu dans lequel se situent les deux poupées restantes, qui constituent son « contenu ».

Cette seconde poupée russe, tel est ce que Nishida appelle le « monde historique » (歴史的世界 *rekishiteki sekai*). Or, on voit apparaître ici un fait extrêmement intéressant. La comparaison aide à comprendre non seulement que le néant absolu est le basho de toutes choses, mais aussi que le « monde historique » situé dans le néant absolu est à son tour compris comme un basho. Ce second basho est tel un cercle délimité situé dans le cercle infiniment grand (le néant absolu). Et ce cercle délimité est à son tour un basho doté d'un contenu, ainsi qu'on le verra sans retard en examinant le statut de la troisième des poupées russes.

Cette troisième poupée est déjà beaucoup plus petite que les deux premières. Il est possible d'affirmer d'emblée qu'elle aussi comporte deux aspects. D'abord, elle ne contient qu'une seule poupée. Mais en même temps, elle se situe elle-même dans la seconde poupée. Cette troisième poupée est l'équivalent de ce que Nishida appelle la « conscience ». De la même manière que cette poupée se situe dans la seconde, la « conscience » se situe dans son basho qu'est le « monde historique ».

Venons-en finalement à la dernière poupée. Celle-ci est particulière puisqu'aucune poupée plus petite ne s'y situe. Dénuée de contenu, elle n'est le lieu de rien. Par contre, elle se situe elle-même dans la troisième poupée. Cette poupée la plus petite est l'équivalent de ce que Nishida appelle l'« objet de connaissance », situé dans le basho qu'est la conscience.

La comparaison des poupées russes a permis de comprendre un peu mieux ce que Nishida entend par « basho du néant absolu ». Elle a aussi permis de montrer qu'il existe deux autres basho principaux, c'est-à-dire le « monde historique » et la « conscience », eux-mêmes situés dans le basho infiniment grand qu'est le néant absolu. Mais il faut encore examiner les rapports entre ces trois basho. Je commencerai par le plus limité d'entre eux, à savoir la « conscience », qui contient une foule d'objets de connaissance.

Même si elle est considérée par Nishida comme le basho même de la connaissance, la conscience n'est pas le basho le plus vaste et le plus englobant. C'est la raison pour laquelle elle doit être dépassée, et avec elle le type de soi qui se considère uniquement comme un sujet de connaissance face à des objets de connaisance. Mais dépassement ne signifie pas rejet. Jamais Nishida ne prétendit qu'il faut se débarrasser purement et simplement du niveau de la conscience pour atteindre celui du néant absolu. Il le tint plutôt en grande estime puisque c'est lui qui permet de connaître le monde d'un point de vue scientifique et technique. Mais ce niveau ne suffit pas à la connaissance des choses telles qu'elles sont en elles-mêmes, laquelle connaissance est accessible au niveau du « soi véritable » (真の自己 *shin no jiko*), celui qui, on le verra, est néantisé. C'est pourquoi Nishida s'efforça de fixer précisément les limites de la conscience, tout en reconnaissant son rôle important.

Faisons un dernier pas. Le « monde historique », basho plus vaste que la conscience, se présente comme le niveau des relations entre le véritable soi et la nature, de même qu'entre les individus. Pourtant, il n'est pas encore le basho ultime. Cela signifie que les objets de connaissance et la conscience qui les contient, de même que le monde historique, se situent à leur tour dans le néant absolu. Sans ce dernier, les relations advenant au sein du monde historique ne pourraient être comprises et exposées dans leur véritable réalité. Dans une certaine mesure, on comprend déjà pourquoi il en va ainsi. Situées dans le basho du néant absolu, les choses sont « néantisées », ce qui les rend aptes à la relation. Il en va de même pour le soi. En positionnant la conscience dans le basho du néant absolu, c'est-à-dire en la dépassant, Nishida déconstruisit un soi fixé à l'avance et centré sur lui-même, de manière à lui faire adopter un mode d'être par lequel il est susceptible d'entrer en relation véritable, tant avec les choses de son monde qu'avec autrui. Ce n'est en effet qu'au sein du basho du néant absolu, le plus vaste et le plus englobant, qu'adviennent les relations entre le soi individuel et d'autres individus.

**2 – Le basho et son contenu**

L'énoncé fondamental concernant la logique du basho est le suivant : « Tout ce qui est se situe dans quelque chose »[5]. Fait déterminant, Nishida réfère dans ce contexte directement à Platon : « Comme l'affirme Platon dans le *Parménide*, il faut que "ce qui est" se situe dans quelque chose » (*NKZ* **6**, 223).

Nishida arrête là sa comparaison explicite avec Platon. Il est pourtant possible, à la lecture du *Parménide*, de déceler des correspondances plus étroites que celles que Nishida établit effectivement entre la problématique de cet ouvrage et sa propre notion de basho. Essayons donc de relever ces points de contact possibles, de manière à mieux cerner les enjeux de la notion de basho.

L'axiome exact de Platon s'énonce comme suit : « Mais évidemment il faut aussi que ce qui est se trouve toujours quelque part »[6]. Cet axiome avait été déjà formulé dans le même dialogue :

> Mais à être nulle part [l'un] ne serait rien ; et comme c'est un tout, il doit, puisqu'il ne se trouve pas en lui-même, se trouver en quelque chose de différent ? [...] Par voie de conséquence, en tant qu'il est un tout, cet un se trouve en autre chose ; mais en tant qu'il est la totalité de ses parties, il se trouve en lui-même. Et par suite, cet un est nécessairement aussi bien en soi-même qu'en quelque chose de différent[7].

Chez Platon, être quelque part consiste à être en soi ou en quelque chose : « En outre, assurément s'il est bien tel, il ne saurait être nulle part ; en effet, il ne saurait se trouver ni en autre chose ni en lui-même »[8]. Nishida traduit l'expression « quelque part » de l'axiome « il faut aussi que ce qui est se trouve toujours quelque part », par « se

---

[5] すべて「有るもの」は何かに於てある (*subete « aru mono » ha nanika ni oite aru*) (*NKZ* **6**, 223).

[6] PLATON, *Parménide* [GF, 688], Paris, Flammarion, 1999, 333 p. ; p. 183 (151a).

[7] *Ibid.*, p. 157 (145e).

[8] *Ibid.*, p. 118 (138a).

situe dans ». La raison en est sans doute que chez Platon, être quelque part consiste à être en soi ou en quelque chose.

Faisant un pas de plus, Platon affirme que se trouver en quelque chose consiste à être enveloppé par cette chose, et en cercle :

> S'il se trouvait en autre chose, il serait, je suppose, enveloppé en cercle par ce en quoi il serait contenu, et en plusieurs endroits il se trouverait en contact avec ce qui l'envelopperait par plusieurs de ses points ; or il est impossible de se trouver en contact par plusieurs points avec ce qui est un, dépourvu de parties et qui ne participe pas au cercle. [...] Si en revanche il se trouvait en lui-même, rien d'autre que lui-même ne saurait l'envelopper, s'il était vrai qu'il se trouvait en lui-même ; en effet, il est impossible de se trouver en quelque chose sans en être enveloppé[9].

Cinq thèmes sont ici supposés : (1) une enveloppe, considérée comme un tout ; (2) un contenu, considéré comme une partie ; (3) une figure, cercle ou sphère, permettant de parler de points de contact ; (4) la notion de contact ; (5) la notion de pluralité.

La notion de basho peut aussi être mise en rapport avec la notion de participation, laquelle consiste à « être-dans ». Dans la mesure où le contenant est considéré comme un tout et le contenu comme une partie ou plusieurs, on doit admettre le postulat suivant : le plus ne peut se trouver dans le moins : « Si en effet le tout se trouvait dans certaines parties, le plus nombreux se trouverait dans le moins nombreux, ce qui est impossible »[10]. Donc, le contenant est plus grand que le contenu, tant en taille qu'en nombre : « Et pourtant, puisque lui-même se trouve bien en lui-même, il devrait aussi s'envelopper lui-même de l'extérieur ; par suite, dans la mesure où il s'enveloppe, il sera plus grand que lui-même, et, dans la mesure où il est enveloppé, il sera plus petit que lui-même. Ainsi donc cet un sera-t-il lui-même à la fois plus grand et plus petit que lui-même »[11]. Par la bouche de

---

[9] *Ibid.*, p. 118-9 (138a-138b).
[10] *Ibid.*, p. 157 (145d).
[11] *Ibid.*, p. 183 (150e-151a).

Parménide, Platon ajoute presque aussitôt : « Or, pour être quelque chose, ne faut-il pas être une chose plus petite dans une plus grande ? »[12]

Ces quelques citations permettent de montrer à quel point la référence que Nishida fait à Platon dans son essai intitulé « L'autodétermination du maintenant éternel » est significative et contribue à mettre en lumière ce qu'on appelle la « logique du basho ». Cette dernière tire de Platon quelques-unes de ses parties les plus importantes, bien qu'elle les développe d'une manière qui lui soit propre. En effet, l'énoncé de Nishida : « Tout ce qui est se situe dans quelque chose » reprend de la formule de Platon quatre éléments principaux, à savoir l'enveloppe ou le tout, le contenu ou la partie, la figure du cercle, de même que la participation, qui consiste à « être-dans ». Nishida, cependant, n'avoue sa dette à l'égard de Platon que dans le cas de l'enveloppe. Citons au complet le passage où il met directement en rapport sa notion de basho avec cette notion platonicienne :

> Comme l'affirme Platon dans le *Parménide*, « il faut aussi que ce qui est se trouve toujours quelque part ». En regard de « ce qui se situe dans » (於てあるもの *oite aru mono*), le « ce en quoi » (於てある場所 *oite aru basho*) est considéré comme la forme. De même que dans l'auto-éveil, le soi se voit dans le soi, l'universel détermine en lui ce qui se situe en lui. En ce sens, tout ce qui est se situe dans quelque chose (*NKZ* **6**, 223).

À la différence de Platon, Nishida ne considère pas l'enveloppe comme l'un, mais avant tout comme le basho (場所). Ce dernier accède à différents statuts, en relation au contenu situé en lui. Considéré comme enveloppe ou contenant, c'est-à-dire pris sous son aspect « englobant », le basho est pour Nishida le « ce en quoi » (於てある場所 *oite aru basho*), à savoir, littéralement, « le basho dans lequel se situe » un contenu. L'accent est mis ici sur l'« être-dans » (於

---

[12] *Ibid.*, p. 183 (151a).

てある *oite aru*), en un sens qui n'est pas sans rapport avec la notion platonicienne de participation. À la différence toutefois que cette notion se précise chez Nishida en termes de « détermination » (限定 *gentei*) et d'« autodétermination » (自己限定 *jiko gentei*), notions dont il sera question en détail subséquemment.

Ainsi, Nishida n'aborde jamais le basho en soi, de manière détachée de l'aspect qui consiste, pour un contenu, à être situé dans ce même basho. Cela signifie, comme il a été dit précédemment, que le basho est toujours déterminé en regard de son contenu. Mais avant de développer ce point, examinons ce qu'il en est du « contenu » dans la perspective nishidienne.

Avant d'être caractérisé comme tel ou tel, le contenu est « ce qui se situe dans » (於てあるもの *oite aru mono*). Encore une fois, l'accent est mis sur l'« être-dans » (於てある *oite aru*) qui forme précisément le centre, le pivot, le mi-lieu de l'énoncé principal de Nishida, à savoir que tout ce qui est se situe dans (に於てある, *ni oite aru*) quelque chose. En cela consiste l'essentiel de la logique du basho, le nœud pour en comprendre les articulations extrêmement complexes.

Il est important de remarquer que la manière dont Nishida développa sa logique du basho est inséparable de la langue japonaise qui lui servit de véhicule et, surtout, de la manière dont il utilisa cette langue. Les occurrences des particules に (*ni*) et に於て (*ni oite*), traduites en français par « dans », sont autant d'indications du maniement par ce philosophe de la logique du basho. Autrement dit, elles sont toutes la marque de la localisation ou de la situation d'un contenu « dans » tel ou tel basho.

Vue de cette manière, la logique du basho paraît fort simple. Simple, mais point simpliste. Car chaque basho (ou enveloppe dans les termes de Platon), est déterminé en regard de son contenu. Plus encore, chaque contenu devient l'autodétermination du basho dans lequel il se situe. Et chaque détermination se dédoublant en détermination noématique et en détermination noétique, tout basho contient un double contenu. Les choses se complexifieront sans cesse davantage lorsqu'on aura l'occasion de vérifier par la suite que chaque basho, y compris ses contenus, est à son tour englobé dans un basho plus englobant. Chacun devient lui-même alors un nouveau contenu par rapport à ce basho plus englobant, tandis que ses contenus initiaux acquièrent, dans le basho plus vaste, un nouveau statut. Et ainsi de suite, jusqu'à ce que soit atteint le basho le plus englobant qui soit, à savoir le basho du néant absolu qui, lui, ne peut être englobé ni déterminé dans et par un basho plus vaste. Et jusqu'à ce que tous les basho précédents – qui à leur propre stade étaient considérés comme des basho ultimes – deviennent, en regard du basho du néant absolu, une série englobante comportant divers contenus, chacun de ces derniers englobant à son tour à titre de basho ses propres contenus.

Toute cette structure englobante formée de basho et de contenus, les uns et les autres centrés sur l'« être-situé-dans », a été développée en détail dans *Auto-éveil et temporalité*[13]. Dans le cadre d'une introduction à la philosophie de Nishida, il suffit de montrer de quelle manière le basho est déterminé en regard de ce qui se situe en lui et comment un contenu est déterminé en regard de ce en quoi il se situe, en examinant le contexte immédiat de la référence faite par Nishida à Platon dans son essai « L'autodétermination du maintenant éternel ».

Nishida précise d'abord qu'en regard de « ce qui se situe dans », le « ce en quoi » est une forme. Autrement dit, le rapport entre le « ce qui se situe dans » et le « ce en quoi » est un rapport entre forme et contenu. Nishida avait toutefois averti quelques lignes plus haut que « le contenu n'est pas donné par rapport à une forme existante. La forme et le contenu sont donnés simultanément » (*NKZ* **6**, 223). Autrement dit, aucune forme n'existe séparément de son contenu et sans qu'entre en jeu la dimension de l'« être-situé-dans ». À l'inverse, aucun contenu n'est donné sans que ne soit simultanément donnée la forme dans laquelle il se situe.

Le contenu se situe dans la forme mais ultimement, il se situe dans le néant absolu dont il est l'autodétermination. Et dans la mesure

---

[13] Voir Jacynthe TREMBLAY, *Auto-éveil et temporalité. Les Défis posés par la philosophie de Nishida*, Paris, L'Harmattan, 2007.

où il se situe dans le néant absolu, il s'autodétermine dialectiquement, c'est-à-dire en relation nécessaire avec la forme. Nishida exprime cette relation dialectique entre contenu et forme de la manière suivante : « La manière *est/n'est pas* la forme »[14].

Nishida caractérise encore le « ce en quoi » en tant qu'universel : « L'universel détermine en lui ce qui se situe en lui » (*NKZ* **6**, 223). La formulation japonaise de ce nouvel énoncé, à savoir 一般者が自己に於て自己に於てあるものを限定する (*ippansha ga jiko ni oite jiko ni oite aru mono wo gentei suru*), est frappante puisque l'expression « en lui » (自己に於て *jiko ni oite*) y apparaît deux fois, et de manière consécutive. Cette double insistance sur l'« être-dans » indique doublement la structure d'englobement ou, pourrait-on dire, la structure-basho de la philosophie de Nishida. Elle manifeste de plus, de la même façon qu'il a été montré précédemment, qu'un universel, quel qu'il soit, ne peut jamais être supposé dans un premier temps comme une entité séparée et existant indépendamment de son contenu. En réalité, la structure d'englobement ou « structure-basho » de la philosophie de Nishida indique l'aspect relationnel de tous les éléments de la réalité, en l'occurrence, l'aspect relationnel d'un universel et de son contenu. On pourrait également parler de l'aspect relationnel du noétique et du noématique, étant entendu que la signification de ces deux derniers termes n'est pas fixe mais se déplace, suivant le degré d'englobement dont il est question.

Qu'entend-on ici par « universel » et par « contenu » ? On désigne par « universel » toute réalité en englobant une autre. Quant au contenu, il réfère à toute réalité englobée dans une réalité plus vaste, ou encore plus englobante. Par exemple, la société est, en regard des individus qui la composent, un universel, les premiers étant conçus comme le contenu du second. Le « je » et le « tu » se situent tous deux

---

[14] 質料即形相 (*shitsuryō soku keisō*) (*NKZ* **6**, 223). Au sujet du terme « soku » (即) et de ma traduction par *est/n'est pas*, voir l'explication que j'en ai fournie dans l'« Introduction » du livre suivant : NISHIDA Kitarō, *L'Éveil à soi*, Paris, CNRS Éditions, 2003, 298 p. ; p. 31-8 (trad. Jacynthe Tremblay).

dans un même universel, à savoir la société[15]. Cette dernière, une fois située à son tour dans le monde historique, garde son statut d'universel par rapport au « je » et au « tu » mais se présente alors comme un contenu par rapport à l'universel (le monde historique) dans lequel elle est à son tour englobée.

Nishida entend également par « universel » chacun des niveaux de la structure englobante qui forme, selon le titre du livre de 1930, le système des universels conformément à l'auto-éveil. Il suffira ici d'en mentionner les trois principaux : l'universel du jugement (判断的一般者 *handanteki ippansha*), qui englobe le monde de la nature, l'universel de l'auto-éveil (自覚的一般者 *jikakuteki ippansha*), qui englobe le monde de la conscience, et l'universel de l'intelligible (叡智的一般者 *eichiteki ippansha*), qui englobe le monde intelligible[16].

L'universel, donc, détermine ce qui se situe en lui. Reprenons maintenant la citation précédente, précédée cette fois du thème qui lui est associé, celui de l'auto-éveil : « De même que dans l'auto-éveil, le soi se voit dans le soi, l'universel détermine en lui ce qui se situe en lui » (*NKZ* **6**, 223). Cette précision est décisive puisqu'elle permet de déceler que l'auto-éveil lui-même, notion d'une extrême importance dans la philosophie nishidienne, est structuré conformément à l'« être-dans ». Elle va aussi de pair avec l'effacement progressif, effectué par Nishida, du primat accordé à la subjectivité dans la philosophie moderne. Qu'est-ce à dire ?

Examinons d'abord la structure de la phrase japonaise qui correspond à « dans l'auto-éveil, le soi se voit dans le soi » : 自覚に於て自己が自己に於て自己を見る (*jikaku ni oite jiko ga jiko ni oite jiko wo miru*). Dans le cadre de cette nouvelle formulation, on rencontre également deux fois le mot « dans » (に於て *ni oite*). L'expression « dans l'auto-éveil » indique que l'explication de la notion

---

15 Au sujet de la relation je-tu, voir Jacynthe TREMBLAY, *L'Être-soi et l'être-ensemble. L'Auto-éveil comme méthode philosophique chez Nishida*, Paris, L'Harmattan, 2007, chapitre 2.

16 À propos de la logique du basho et de sa subdivision en différents degrés d'universels, voir Jacynthe TREMBLAY, *Nishida Kitarō. Le Jeu de l'individuel et de l'universel*, p. 27-92.

d'auto-éveil, loin d'être extrinsèque, adopte une approche qui part de cette notion elle-même. De plus, ce fait que « le soi se voit dans le soi » se produit lui-même non pas au moyen de l'auto-éveil ou à travers lui, mais bien plutôt en son sein même. Quant au second mot « dans » inscrit dans la phrase définissant l'auto-éveil, il indique que le processus dont il est question s'effectue « dans » un basho, lequel est ici le « soi » (自己 *jiko*) lui-même. Rappelons qu'à son propre niveau, un basho est toujours l'élément le plus englobant. Autrement dit, il est non-objectivé et non-objectivable. De plus, l'expression « dans le soi » (自己に於て *jiko ni oite*) signifie que l'élément qui la précède et celui qui la suit devront être examinés non pas indépendamment l'un de l'autre, mais bien plutôt mis en relation à partir de leur basho central et commun, c'est-à-dire le soi pris comme basho, ou encore le soi-basho.

L'élément qui précède le soi-basho (自己に於て *jiko ni oite*), à savoir 自己が (*jiko ga*) se traduit en français simplement par « le soi ». Or, la particule japonaise が (*ga*) indique dans la perspective de Nishida l'aspect noétique de l'énoncé, à savoir que le « soi » est à entendre au sens d'un soi-noèse (自己が *jiko ga*) qui voit un objet. Et quel est l'objet de ce soi noèse ? Il s'agit encore du « soi », mais pris cette fois en tant que noème, ou encore du soi-noème (自己を *jiko wo*). Ici, la particule を (*wo*) a pour fonction d'indiquer le plan noématique. Ainsi, le soi-noèse voit le soi-noème, ce qui donne en français en y perdant beaucoup de subtilité : « le soi » « se » voit.

On pourrait croire à première vue qu'on est en présence d'une simple relation noético-noématique. Mais il n'en est rien. En effet, la relation noético-noématique entre le soi-noèse (自己が *jiko ga*) et le soi-noème (自己を *jiko wo*) se produit et se développe « dans » le terme qui leur est central, à savoir le soi, mais pris cette fois en tant que basho (自己に於て *jiko ni oite*). Cela montre que la relation entre le soi-noèse et le soi-noème devient véritablement dialectique une fois située dans le soi-basho. Autrement dit, la relation noético-noématique cesse d'être une relation purement oppositionnelle pour devenir, lorsqu'elle est située dans le basho, une relation de détermination réciproque entre des éléments donnés et advenant conjointement au sein du basho.

La formule nishidienne « le soi se voit dans le soi » signifie qu'une fois positionné dans le soi-basho – qui lui-même n'est pas objectivable, sans être pour autant ramené à une subjectivité pure –, le soi-noèse se dégage de son rôle subjectif afin de se voir lui-même non plus en tant qu'objet ou en tant que soi-noème, mais enfin, et pour la première fois, en tant que fait situé dans le monde historique, en tant que fait d'abord et avant tout relationnel.

### 3 – *Khôra* et basho

L'« enveloppe » platonicienne dont il a été question dans la section précédente est assimilée à la « place » ou encore à l'emplacement occupé par une chose. « Place » traduit le grec *Khôra* ou *hedra*[17]. La logique du basho tira son inspiration de cette notion de *Khôra* également. Mais avant même de s'appliquer à développer la logique du basho elle-même et la temporalité, Nishida s'était empressé d'établir les différences entre sa propre notion de basho et la « place » platonicienne. Il mentionne au début de l'essai « Basho » que

> même si on réfléchit à propos de la direction des actes, le moi est pensé comme l'unification des actes purs. En même temps, il doit y avoir une chose qui englobe en elle l'opposition entre le moi et le non-moi puisque le moi est pensé en opposition au non-moi, une chose qui fait s'établir en elle les « phénomènes de conscience ». J'appelle « basho » (場所) la chose qui reçoit de cette façon les idées, à l'exemple du mot du *Timée* de Platon. Évidemment, l'espace de Platon ou la place (場所) qui reçoit ne sont pas l'équivalent de ce que je nomme « basho » (場所) (*NKZ* **4**, 208-9).

Dans ce passage, Nishida utilise le même mot « basho » (場所) pour désigner soit la « place » platonicienne ou le réceptacle des

[17] PLATON, *Parménide*, p. 173-4 (148e).

idées, soit sa propre conception. Mais il est évident que le sens qu'il accorde à ce mot diffère, suivant qu'il traduit ou bien la *Khôra* platonicienne, ou bien le « ce en quoi » (於てある場所 *oite aru basho*) nishidien. Le basho a ceci de caractéristique qu'il englobe toute chose, qu'il est le « ce en quoi » dans lequel se situent les actes de conscience, le moi personnel, ainsi que le monde de la nature.

Si Nishida prit ses distances face à la *Khôra* de Platon, cela tient à deux raisons principales. D'abord, la philosophie grecque, à travers l'interprétation d'Aristote, conçut la *Khôra* comme la matière s'opposant à la forme. De ce fait, elle la priva d'indépendance logique (voir *NKZ* **12**, 16). C'est là également le jugement de Derrida lorsqu'il précise à la fin de son essai intitulé *Khôra* que le problème posé par l'interprétation aristotélicienne de la *Khôra* comme « matière » vient de ce que Platon lui-même n'utilisa jamais ce terme pour qualifier la *Khôra*[18]. Ensuite, estime Nishida, la signification de la conscience trouve son point de départ dans la comparaison établie par Platon dans le *Théétète* entre l'esprit et la cire, conception qu'Aristote éclaircit comme suit : « In regard to all sense generally we must understand that sense is that which is receptive of sensible forms apart from their matter, as wax receives the imprint of the signet-ring apart from the iron or gold of which it is made : it takes the imprint which is of gold or bronze, but not quâ gold or bronze »[19].

L'esprit qu'est cette conscience sensitive est tenu par Aristote pour un réceptacle, laquelle notion est étendue à la raison. Si, dit-il, pensée et perception sont identiques, les parties de l'esprit sont les réceptacles des formes. Mais à la différence des sens qui, eux, reçoivent les formes sensitives, les parties de l'esprit, qui sont de simples possibilités, reçoivent les formes intelligibles. Et Aristote de conclure qu'on peut concevoir l'esprit comme la *Khôra* des idées.

Nishida introduit ici sa critique et son interprétation en affirmant que la raison est de l'ordre de la possibilité plutôt qu'une

---

[18] Jacques DERRIDA, *Khôra*, Paris, Galilée, 1993, 103 p. ; p. 96-7.

[19] ARISTOTE, *De Anima*, II.12. Cité dans *NKZ* **12**, 6 (d'après la traduction de Hics).

véritable *Khôra*. La raison qui pense son propre contenu n'est qu'une pure forme, qu'un acte. Bien qu'Aristote fut en mesure de découvrir l'essence profonde de la conscience à partir des notions platoniciennes de réceptacle ou de *Khôra*, ce type de pensée se retrouva sans personne pour la développer (voir *NKZ* **12**, 6-7).

Qu'est-ce, précisément, que Nishida reprit de la *Khôra* ? Comment cerner les différences exactes et les points de ressemblance entre *Khôra* platonicienne et basho nishidien ? Quelle interprétation de la *Khôra* retenir parmi celles, multiples, qui virent le jour depuis celle d'Aristote ? Je m'attacherai à celle de Derrida puisqu'elle place la *Khôra* dans le cadre d'une « logique autre », encore indéterminable. D'une logique autre à laquelle pourrait fort bien répondre, du moins par certains côtés, celle qui fut développée par Nishida lui-même sous l'appellation « logique du basho » (場所的論理 *bashoteki ronri*). Quoi qu'il en soit pour le moment, l'essai de Derrida intitulé *Khôra* a un double intérêt : celui d'apporter à la notion platonicienne un éclairage nouveau et original, et celui d'ouvrir des perspectives qui permettront de mieux cerner les caractéristiques de la notion nishidienne de basho et de la logique du basho.

Commençons, justement, par une question de logique :

> On le sait bien : ce que Platon désigne sous le nom de *Khôra* semble défier, dans le *Timée*, cette « logique de non-contradiction des philosophes » dont parle Vernant, cette logique « de la binarité, du oui ou non ». Elle relèverait donc peut-être de cette « logique autre que la logique du *logos* ». La *Khôra* n'est ni « sensible » ni « intelligible », elle appartient à un « troisième genre »[20].

Nishida lui-même avait un avis nuancé concernant la logique de non-contradiction. Il reconnaissait son utilité et sa nécessité dans les domaines qui lui sont propres, à savoir la pensée et le discours. Il la remit cependant en question en raison de son incapacité patente à rendre pleinement compte des faits en eux-mêmes et de la réalité

---

[20] Jacques DERRIDA, *Khôra*, p. 15-6 (voir PLATON, *Timée*, 48e, 52a).

historique. Ses essais font montre d'une attention portée non pas d'abord à une saisie de la réalité à l'aide des principes d'identité et de non-contradiction, mais au caractère relationnel de tout ce qui se situe dans le monde historique. Un simple fait individuel n'est rien. Il ne se conçoit qu'en relation à d'autres faits individuels, comme le montre l'axiome de Nishida : « L'individuel est un individuel en s'opposant à un individuel ». Nishida reconnut entièrement le caractère indépendant et auto-déterminé de l'individuel. Néanmoins, ce caractère est inséparable de l'aspect oppositionnel et relationnel.

Or, ces relations entre des individuels indépendants (qu'il s'agisse d'individuels matériels, d'individuels biologiques ou d'individus humains) adviennent et se situent dans « quelque chose ». En d'autres termes, les individuels indépendants et auto-déterminés entrent en relation dans un basho et à titre d'autodéterminations de ce basho. À son propre niveau indéterminé et indéterminable, le basho, de même que les individuels qui y sont en relation, échappent à la logique de non-contradiction, celle du « oui ou non ». Pour le dire clairement, la notion de basho suppose et appelle une logique autre que celle du *logos*.

Derrida ne fit qu'évoquer cette « logique autre » – du moins dans l'essai *Khôra* –, sans avoir élaboré. Il semblerait que sa mise en œuvre fut le fait de Nishida avec la logique du basho, non pas parce qu'il reprit telle quelle la notion platonicienne de *Khôra*, mais parce qu'il s'engagea dans l'abîme qu'elle ouvrit entre le oui et le non, relevant ainsi le défi qui consiste à dépasser à la fois le sensible et l'intelligible pour situer l'un et l'autre dans un lieu qui, loin d'adopter les caractéristiques du sensible et de l'intelligible (ou encore de l'un ou de l'autre), est bien plutôt leur lieu d'émergence ; en retour le sensible et l'intelligible sont conçus comme les autodéterminations du basho indéterminable dans lequel ils se situent de concert.

La *Khôra* platonicienne et le basho ne sont pas identiques, comme Nishida lui-même l'affirme. Je dirai qu'ils sont pourtant structurellement semblables sur deux points : d'abord, l'une et l'autre défient la logique de non-contradiction et s'y soustraient ; ensuite, ils ne sont ni sensibles, ni intelligibles. Que sera donc une « chose » ni sensible, ni intelligible ? Laissons pour le moment la question ouverte. Disons simplement ici que cette « chose » – qui n'en est pas une – s'autodéterminera à la fois comme monde sensible et comme monde intelligible.

Revenons à la *Khôra*. Difficilement nommable – tantôt elle paraît n'être ni ceci ni cela, tantôt à la fois ceci et cela –, étrangère au modèle intelligible et cependant y participant de manière très embarrassante, la *Khôra* ne peut être l'objet d'un discours procédant du *logos* naturel. Seul y est adapté un raisonnement hybride, bâtard ou corrompu[21]. Le discours sur la *Khôra* ne relève pas pour autant du mythe. Il semblerait qu'il forme un troisième genre au-delà de l'alternative *logos/mythos*, un troisième genre faisant signe vers un genre au-delà du genre. Et, de conclure temporairement Derrida :

> Par-delà l'opposition arrêtée ou tard venue du *logos* et du *mythos*, comment penser la nécessité de ce qui, *donnant lieu* à cette opposition comme à tant d'autres, semble parfois ne plus se soumettre à la loi de cela même qu'elle *situe* ? Quoi de ce *lieu* ? Est-il nommable ? et n'aurait-il pas quelque rapport impossible à la possibilité de nommer ? Y a-t-il là quelque chose à penser, comme nous le disions si vite, et à penser selon la *nécessité* ?[22]

L'élément qui frappe à première vue dans ce passage qui clôt l'introduction de l'essai *Khôra* et qui en pose le problème exact, est ce qui se révèle par le jeu des italiques, à savoir les mots « donnant lieu », « situe » et « lieu »[23]. Nishida déplorait que peu de gens eussent semblé

---

[21] Voir PLATON, *Timée*, 52b.

[22] Jacques DERRIDA, *Khôra*, p. 18.

[23] Derrida terminera l'essai *Khôra* en insistant encore davantage sur la question de *Khôra* comme lieu général ou réceptacle total (*pandekhês*) (voir PLATON, *Timée*, 19a). Elle est toujours un lieu investi, toujours déjà occupé. Non pas espace vide mais « l'espace neutre d'un lieu sans lieu, un lieu où tout se marque mais qui serait "en lui-même" non marqué » (Jacques DERRIDA, *Khôra*, p. 59). *Khôra* n'est pas une place parmi d'autres mais « la place même ». Mais alors, « qu'est-ce que le lieu ? » Et « à quoi et à qui donne-t-il lieu ? » (*ibid.*, p. 63).

avoir remarqué l'importance de ce que lui-même avait décelé en termes de basho. On voit ici qu'avec sa méditation sur la *Khôra* platonicienne, Derrida parvint par des moyens différents de ceux mis en œuvre par Nishida à cerner l'importance du « lieu », du « donner lieu » et de l'« être situé dans », mais sans aller jusqu'à élaborer une logique du « lieu » ; il se limita à déceler et à appeler de ses vœux un type de logique nouveau, quoiqu'« hybride, bâtard ou corrompu » en regard de la logique du *logos*. Nishida, s'inspirant lui aussi de la notion de *Khôra* mais sans y être inféodé, en retint les mêmes expressions « lieu », « donner lieu » et « être situé dans », lesquelles devinrent dans le cadre d'une logique nouvelle et fortement structurée (la logique du basho) les notions de « basho », d'« autodétermination » et d'« être-dans » (sous son double aspect de « ce en quoi » et de « ce qui se situe dans »).

Derrida poursuit sa réflexion en rappelant que dans le *Timée*, la *Khôra* est déterminée en tant que mère ou nourrice. Il ne s'agit toutefois pas là d'une métaphore. La pensée de la *Khôra* excède la polarité sens métaphysique/sens propre, tout comme la polarité *mythos/logos*. Et dans la mesure où elle porte au-delà de la polarité du sens, elle échappe à l'horizon du sens. Elle n'est soumise à aucun renversement ; bien plutôt, c'est elle qui donne lieu aux oppositions.

Cette évocation d'une sortie de la polarité du sens permet d'engager une discussion plus approfondie autour de ce que Nishida appelle le basho ultime, celui qui est le plus englobant et qui ne peut être englobé par aucun basho plus vaste, à savoir le « basho du néant absolu » (絶対無の場所 *zettai mu no basho*). Ce dernier a ceci de semblable à la *Khôra* platonicienne (telle qu'interprétée par Derrida) qu'il échappe à toute détermination, à toute tentative de dénomination. Il n'est l'un des éléments d'aucune des oppositions établies par la logique objective, qu'il s'agisse du sensible et de l'intelligible, de l'être et du non-être. Tout ce que Nishida s'autorise à dire du néant absolu est qu'il est le basho dans lequel se situent toutes les oppositions, elles-mêmes comprises comme les autodéterminations de ce basho. Dans ce dernier, les oppositions ne sont plus de simples oppositions. L'identité de chaque terme d'une opposition n'est pas fixée d'avance, une fois pour toutes. Elle se construit dans la mesure où de par leur situation dans le basho du néant absolu, les termes opposés entretiennent des relations dialectiques. Ces relations, que Nishida développe en termes d'« agir » (行為 *kōi*) et d'« autonégation » (自己否定 *jiko hitei*), provoquent des changements ou transformations chez chacun des termes d'une relation composée à la fois d'opposition et d'interaction mutuelles.

Ainsi, le basho du néant absolu a ceci d'analogue à la *Khôra* qu'il est le « ce en quoi » de toutes les oppositions, mais sans pour autant être lui-même l'objet d'une détermination, sans être lui-même l'un des termes d'une opposition. Pour Nishida, en effet, le néant absolu n'est pas l'opposé de l'être ; il est plutôt ce en quoi advient l'opposition entre l'être et le « néant oppositionnel » (対立的無 *tairitsuteki mu*), ou encore le monde de la conscience.

Comme il est préférable aussi de le faire à propos du mot japonais « basho », Derrida évite d'apporter une traduction française du mot *Khôra*. Il rappelle avec raison que « les traductions restent prises dans des réseaux d'interprétation »[24]. Les noms français de *Khôra* (lieu, place, emplacement, région, contrée), ou encore les figures qu'en propose le *Timée* (mère, nourrice, réceptacle, porte-empreinte), ne rendent pas compte véritablement de sa structure. « Structure » et non pas « essence » puisqu'en ce qui la concerne, la question de l'essence est dénuée de sens. Toutes ces traductions, de même que les nombreuses interprétations qui ont été faites de la *Khôra*, « consistent toujours à lui *donner forme* en la déterminant, elle qui pourtant ne peut s'offrir ou se promettre qu'en se soustrayant à toute détermination, à toutes les marques ou impressions auxquelles nous la disons exposée »[25]. Toute interprétation de la *Khôra* ne peut que lui donner forme et la marquer de son empreinte, elle qui pourtant ne peut être atteinte ou épuisée par quelque traduction ou interprétation que ce soit. La *Khôra* n'étant pas un sujet, elle n'est même pas en mesure de

---

[24] *Ibid.*, p. 24.
[25] *Ibid.*, p. 26-7.

fournir à ces traductions et interprétations « le support d'un substrat ou d'une substance stable »[26]. Tout ce qu'elle semble pouvoir faire, c'est *recevoir* les types herméneutiques et leur *donner lieu.*

Les noms que Timée donne à la *Khôra*, qu'il s'agisse de « réceptable » (*dekhomenon*) ou de « lieu » (*Khôra*), ne désignent ni une essence, ni l'être stable d'un *eidos*. « *Khôra*, le précise encore Derrida, n'est pas, surtout pas, un support ou un sujet qui *donnerait* lieu en recevant ou en concevant, voire en se laissant concevoir »[27]. À ce stade de son argumentation, d'ailleurs, Derrida prend pour option d'écrite *Khôra* sans article, afin de bien faire percevoir qu'elle n'est pas un nom commun, facilement repérable[28]. Ni sensible ni intelligible, *Khôra* ne désigne aucun des étants connus par le discours philosophique.

*Khôra*, de plus, n'est ni un mot, ni un concept, puisqu'il faudrait alors opposer au mot un concept, et au concept une chose. Or, elle échappe à ce genre d'oppositions et de distinctions. L'effacement de l'article « la » devant *Khôra* a pour fin de suspendre toute détermination à son endroit. Car s'il y a *Khôra*, « la » *Khôra* comme étant n'existe pas. En parlant de *Khôra*, on réfère à quelque chose qui n'est pas une chose, à quelque chose dénué de référent réel. On ne peut attribuer à *Khôra*, qui n'est pas une généralité, aucune des propriétés des étants déterminés qu'elle reçoit.

Il apparaît ici que la *Khôra* comporte plus de ressemblances avec le basho nishidien qu'il n'y paraît au premier abord, plus en tous cas que ce que Nishida lui-même voulut bien admettre. Il semble ici que tout soit affaire d'interprétation. Comme il a déjà été dit, la *Khôra* fut traditionnellement interprétée comme la matière s'opposant à la forme, comme un simple espace qui reçoit et qui donc est inapte à englober des choses telles que le soi personnel et les actes de

---

[26] *Ibid.*, p. 28.
[27] *Ibid.*, p. 29.
[28] Les articles n'existent pas en japonais. Le danger de substantivation y est donc moins présent qu'en français. Mais dans un simple souci de cohérence grammaticale, je conserverai pour ma part au basho nishidien son article, bien qu'il ne soit ni étant, ni sujet, ni substrat, ni substance.

conscience. Aristote avait cerné l'aspect de réceptacle, non retenu par la suite, de la raison. L'interprétation de Derrida est éclairante sur ce point notamment : *Khôra* n'est pas un étant, un sujet, un substrat ou une substance ; son statut indéterminé et indéterminable ne laisse place qu'au *donner lieu* de ce qu'elle reçoit. Malgré cet acquis important, un certain statisme perce ici. La *Khôra* reçoit et « donne lieu », mais sans qu'il soit fourni d'explications concernant les modalités de ce « donner lieu ». De la même manière que la *Khôra*, le basho ne peut être l'objet d'aucune prédication ou détermination. Il est situé au-delà de toute détermination possible. Il est vrai que Nishida parle de détermination réciproque entre le basho et son contenu. Il insiste cependant en même temps sur le fait qu'à son propre niveau, le basho, dont toute chose est l'autodétermination, n'est lui-même déterminé par rien d'autre de plus englobant que lui.

Nishida exprime l'absence de détermination du basho à l'aide d'une figure, celle du cercle. On a vu que dans le *Parménide*, la figure du cercle ou de la sphère avait pour fin d'affirmer la multiplicité des points de contacts : « S'il se trouvait en autre chose, il serait, je suppose, enveloppé en cercle par ce en quoi il serait contenu, et en plusieurs endroits il se trouverait en contact avec ce qui l'envelopperait par plusieurs de ses points »[29]. Sur ce sujet, cependant, Nishida ne se réclame pas explicitement de Platon mais de Pascal : « Pascal compare Dieu à "une sphère infinie dont le centre est partout, la circonférence nulle part" » (*NKZ* **6**, 188). Mais il prend soin de préciser un peu plus loin : « Ce que Pascal tient pour une sphère est sans doute approprié mais je considère maintenant cela simplement comme un cercle » (*NKZ* **6**, 188). Ainsi, conclut Nishida, « le basho du néant absolu est comme un cercle sans circonférence dont le centre est partout » (*NKZ* **6**, 235). Il parle encore simplement d'un « cercle sans circonférence », d'un « universel de l'universel » (*NKZ* **6**, 357).

Cette image du cercle, faut-il le souligner encore, s'applique à l'ensemble de la structure d'englobement qu'est la logique du basho :

---

[29] PLATON, *Parménide*, p. 118 (138a).

« D'innombrables cercles qui s'autodéterminent sont déterminés dans l'autodétermination du cercle sans circonférence dont le centre est partout » (*NKZ* **6**, 258 ; voir aussi *NKZ* **6**, 199). Si on se souvient qu'à son propre niveau un basho est lui-même considéré comme indéterminable, c'est-à-dire comme un cercle infiniment grand, il est aisé de comprendre que d'innombrables cercles infiniment grands puissent être déterminés par le cercle sans circonférence, c'est-à-dire le basho du néant absolu. Mais plus encore, chacun d'entre eux parvient, par sa propre détermination, à octroyer une circonférence au cercle sans circonférence. Chaque cercle s'autodétermine en tant que détermination – dotée d'une circonférence – de ce cercle sans circonférence. Autodéterminations de l'universel qu'est le néant, ces cercles innombrables « forment par conséquent une série irréitérable infinie dans laquelle l'individuel produit l'universel, et qui passe d'un point à un autre » (*NKZ* **6**, 358).

Toute chose, y compris et surtout le temps, sera désormais conçue comme l'autodétermination de ce cercle sans circonférence dont le centre est partout, la circonférence nulle part. Pareil cercle, dont la portée excède à ce niveau la *Khôra* platonicienne dans ses aspects de « réceptacle » et de « donner lieu », suscite le mouvement dialectique qui affecte tout ce qui se situe en lui, tout ce dont il est l'autodétermination. Loin d'être statique, le basho indéterminable du néant absolu donne lieu à de multiples déterminations plus ou moins vastes, ou encore plus ou moins englobantes par rapport à leurs contenus respectifs. Suivant leur degré d'englobement, toutes ces autodéterminations (temps, soi, amour, etc.)[30] du néant absolu seront situées dans la graduation qui, partant du néant absolu, va du noétique au noématique. Plus encore, toutes seront des « déterminations circulaires » (*NKZ* **6**, 200-1, 222) et « dialectiques », au sens où le plan du déterminant et le plan du déterminé entrent toujours en rapport sous un mode dialectique (voir *NKZ* **6**, 205).

---

[30] Les autodéterminations les plus englobantes ou encore les plus « noétiques » de ce cercle sans circonférence sont, outre le temps, le soi personnel (人格的自己 *jinkakuteki jiko*) – qui comprend tant le « je » que le « tu » – et l'amour.

Reprenons notre méditation à partir de la *Khôra*, toujours telle qu'interprétée par Derrida. L'absence de détermination propre (sensible ou intelligible, matérielle ou formelle) est l'indicatrice d'une absence d'identité à soi. *Khôra* n'est le *support présent* d'aucune des déterminations qu'elle reçoit. Cette absence de support « provoque *et* résiste à toute détermination binaire ou dialectique, à tout arraisonnement de *type* philosophique, disons plus rigoureusement de type *ontologique* »[31]. Comme réceptacle, *Khôra* donne plutôt lieu à tous les discours mythiques ou ontologiques au sujet de ce qui prend place en elle, au sujet de ce qu'elle reçoit. Mais elle-même ne peut être l'objet d'aucun récit. De plus, ajoute Derrida, elle « marque une place à part, l'espacement qui garde un rapport dissymétrique avec tout ce qui, "en elle", à côté ou en plus d'elle, semble faire couple avec elle »[32].

Derrida précise à bon droit qu'à l'absence de support répond l'absence d'identité à soi. En effet, cette dernière notion présuppose une substance fixe et inchangée. Sur ce point, le basho se rapproche de l'interprétation derridienne de la *Khôra* en ceci qu'il n'a rien de substantiel et que le concernant, la notion d'auto-identité (自己同一 *jiko dōitsu*) n'a pas lieu d'être. Or, dans la mesure où ce qui n'a rien d'un support substantiel résiste à tout arraisonnement de type ontologique, il faudra procéder autrement que par raisonnement et arraisonnement pour énoncer un discours au sujet du basho du néant absolu. Ce sera un discours relevant non pas de l'ontologie mais de la méontologie, un discours sur le néant, lequel ne peut proprement être « objet » ou « thème » de discours puisqu'il n'est pas un sujet susceptible de prédication ; discours tout de même puisqu'il faudra mettre l'accent surtout sur la remise en question de l'auto-identité, sur les relations dialectiques (弁証法的関係 *benshōhōteki kankei*), sur la négation (否定 *hitei*) et l'autonégation (自己否定 *jiko hitei*), tous éléments qui sont partie intégrante de la logique du basho, laquelle a pour basho le plus englobant celui du néant absolu.

---

[31] Jacques DERRIDA, *Khôra*, p. 37.
[32] *Ibid.*, p. 92.

Bien que Derrida remît à juste titre en cause pour parler de la *Khôra* les discours de type ontologique et mythique, les réseaux d'interprétation, de même que les notions de substrat et de support, il n'alla pas jusqu'à parler d'un discours méontologique. Nonobstant, son interprétation de la *Khôra* a quelque chose de ce dernier. Sans aller jusqu'à donner un nom au discours qu'il mit en œuvre, Derrida procéda d'une manière qu'on pourrait qualifier de « négatrice ». Ne pouvant nommer la *Khôra*, il ne put l'approcher qu'en marquant ce qu'elle n'est pas et en faisant entrevoir « la silhouette d'une “logique” dont la formulation paraît à peu près impossible »[33], et dont on peut seulement dire qu'elle n'est ni la « logique de non-contradiction des philosophes », ni une « pensée mythique ». *Khôra* n'a pas d'essence ; elle n'est ni un philosophème, ni l'objet de quelque récit fabuleux. Et pourtant,

> à mi-parcours du cycle, le discours sur *Khôra* n'aura-t-il pas ouvert, entre le sensible et l'intelligible, n'appartenant ni à l'un ni à l'autre, donc ni au cosmos comme dieu sensible ni au dieu intelligible, un espace apparemment vide – bien qu'il ne soit sans doute pas *le vide* ? N'a-t-il pas nommé une ouverture béante, un abîme ou un chasme ? N'est-ce pas depuis ce chasme, « en » lui, que ce clivage entre le sensible et l'intelligible, voire entre le corps et l'âme, peut avoir lieu et prendre place ?[34]

La conclusion du *Timée*, poursuit Derrida, ne semble-t-elle pas avoir refermé « un chasme au milieu du livre, une sorte d'abîme “dans” lequel on tente de penser ou de dire ce chasme abyssal que serait *Khôra*, l'ouverture d'un lieu “dans” lequel tout viendrait à la fois prendre *place et se réfléchir* [...] ? »[35] Avec les expressions « espace apparemment vide », « abîme dans lequel » et « lieu dans lequel », on touche au cœur de l'interprétation de Derrida. Se pourrait-il que ce dernier eût approché cela même que Nishida développa en termes de « basho du néant absolu » ? Interprétée de cette façon, la *Khôra* ouvre un lieu qui n'est ni

---

[33] *Ibid.*, p. 38.
[34] *Ibid.*, p. 44-5.
[35] *Ibid.*, p. 46.

substrat, ni substance ; qui échappe à toute détermination possible ; et qui, en même temps, est « ce en quoi » se situent tous les couples d'opposés. Se pourrait-il précisément que Nishida, qui pourtant considérait la *Khôra* comme un simple espace matériel (ainsi le voulaient beaucoup d'interprétations du *Timée*), se fût néanmoins introduit dans ce « lieu abyssal » et y eût développé sous l'appellation « logique du basho » la nouvelle forme de « logique » entrevue par Derrida mais jugée « impossible » ou « bâtarde » ?

Tout porte à croire en ce sens. Mais attention. Encore une fois, la logique du basho nishidienne n'a pas pour fin de proposer un nouvel « objet » de discours qui serait le « néant absolu ». Parler du néant simplement pour parler du néant serait totalement dénué de sens, pour ne pas dire absurde. La logique du basho a pour fin, comment dire, de provoquer un déplacement d'horizon, de situer le monde historique et le monde humain dans une perspective autre, voire inédite, d'apporter un éclairage nouveau qui est inenvisageable du seul point de vue du discours ontologique. Par éclairage nouveau il faut entendre :

1) la remise en question d'une notion d'auto-identité fixée une fois pour toutes ;
2) l'importance mise sur l'élément relationnel qui marque tout le domaine de l'être, y compris les couples traditionnels d'opposés tels le sensible et l'intelligible, le corps et l'esprit, l'humain et Dieu, le « je » et le « tu », pour n'en mentionner que quelques-uns ;
3) l'accent porté sur les notions de négation et d'autonégation qui, couplées à la notion d'auto-identité qu'elles ont pour fin de remettre en question, apparaissent comme la condition incontournable, voire le moteur des relations dialectiques telles que les entend Nishida.

Précisons dans ce contexte une dernière chose. Si Nishida établit sans équivoque la différence entre son basho et la *Khôra* platonicienne, c'est que celle-ci demeure pour lui un espace matériel susceptible d'être situé dans un basho plus englobant, c'est-à-dire d'être considéré comme « ce qui se situe dans » plutôt que comme « ce en quoi ». Même l'interprétation aristotélicienne de la raison comme lieu des idées, si prometteuse fût-elle, ne put octroyer à la raison le statut de « ce en quoi » le plus vaste et le plus englobant. Car dans la perspective nishidienne, la raison, une fois resituée dans le monde historique – lui-même situé à son tour dans le basho du néant absolu –, n'est plus considérée que comme l'un des éléments constituants de ce monde. Pareille manière de procéder n'est pas une marche infinie ayant pour fin d'atteindre, à la limite, le néant absolu, puis de s'y cantonner. Elle vise plutôt à remettre en question le primat accordé dans la modernité à la raison, puis de replacer celle-ci dans un horizon plus vaste.

*Chapitre 4*

# GLOSSAIRE FRANÇAIS-JAPONAIS DES TERMES PHILOSOPHIQUES DE NISHIDA

absolu (l') 絶対 *zettai*, 絶対者 *zettai sha*
abstraction 抽象 *chūshō*
acte 作用 *sayō*
acte d'autodétermination 自己限定作用 *jiko gentei sayō*
acte de création 創造作用 *sōzō sayō*
acte de détermination 限定作用 *gentei sayō*
acte de formation 形成作用 *keisei sayō*
acte de la conscience 意識作用 *ishiki sayō*
acte de la nature biologique 生物的自然の作用 *seibutsuteki shizen no sayō*
acte d'expression 表現作用 *hyōgen sayō*
acte physiologique 生理作用 *seiri sayō*
actualité, réalité 現実 *genjitsu*
*agape* アガペ *agape*
agir (l') 行為 *kōi*
amour 愛 *ai*
amour de dieu 神の愛 *kami no ai*
amour de l'autre 他愛 *taai*
amour de soi 自愛 *jiai*
amour intellectuel de Dieu 神の知的愛 *kami no chiteki ai*
analyse 分析 *bunseki*
analyse au moyen de l'auto-éveil 自覚的分析 *jikakuteki bunseki*
analyse intuitive 直観的分析 *chokkanteki bunseki*
analyse négatrice 否定的分析 *hiteiteki bunseki*
*anamnesis* アナムネーシス *anamuneishisu*
animaux 動物 *dōbutsu*
*an sich* et *für sich* アン．ジヒ．フユール．ジヒ *an. jihi. fūru. jihi*
antithèse アンチテージス *antiteijisu*
appel du « tu » 汝の呼声 *nanji no yobigoe*
art 芸術 *geijutsu*

attente 期待 *kitai*
attribut 性質 *seishitsu*, 属性 *zokusei*
*aufheben* アウフヘーベン *aufuheiben*, 止揚せられる *shiyō serareru*
auto-affirmation 自己肯定 *jiko kōtei*
autocontradiction 自己矛盾 *jiko mujun*
autodétermination 自己限定 *jiko gentei*
autodétermination de ce qui est sans déterminant 限定するものなものの自己限定 *gentei suru mono naki mono no jiko gentei*
autodétermination de l'amour 愛の自己限定 *ai no jiko gentei*
autodétermination de l'amour absolu 絶対愛の自己限定 *zettai ai no jiko gentei*
autodétermination de l'amour personnel 人格的愛の自己限定 *jinkakuteki ai no jiko gentei*
autodétermination de la réalité 現実の自己限定 *genjitsu no jiko gentei*
autodétermination de l'être absolu 絶対有の自己限定 *zettai yū no jiko gentei*
autodétermination de l'individuel 個物的なるものの自己限定 *kobutsuteki naru mono no jiko gentei*
autodétermination de l'universel 一般者の自己限定 *ippansha no jiko gentei*
autodétermination du basho 場所の自己限定 *basho no jiko gentei*
autodétermination du maintenant éternel 永遠の今の自己限定 *eien no ima no jiko gentei*
autodétermination du néant 無の自己限定 *mu no jiko gentei*
autodétermination du néant absolu 絶対無の自己限定 *zettai mu no jiko gentei*
autodétermination du prédicat 述語の自己限定 *jutsugo no jiko gentei*
autodétermination du présent 現在の自己限定 *genzai no jiko gentei*
autodétermination du soi personnel 人格的自己の自己限定 *jinkakuteki jiko no jiko gentei*
autodétermination du temps 時の自己限定 *toki no jiko gentei*
autodétermination expressive 表現的自己限定 *hyōgenteki jiko gentei*
autodétermination-instant 瞬間的自己限定 *shunkanteki jiko gentei*

autodétermination personnelle 人格的自己限定 *jinkakuteki jiko gentei*
autodétermination sans déterminant 限定するものなき自己限定 *genteki suru mono naki jiko gentei*
autodéterminer (s') sans déterminant 限定するものなくして自己自身を限定する *gentei suru mono naku shite jiko jishin wo gentei suru*
auto-éveil 自覚 *jikaku*, 自覚性 *jikakusei*
auto-éveil affectif 感情的自覚 *kanjō teki jikaku*
auto-éveil agissant 行為的自覚 *kōiteki jikaku*
auto-éveil au moyen du doute 懐疑的自覚 *kaigiteki jikaku*
auto-éveil au moyen du doute radical 徹底せる懐疑的自覚 *tettei seru kaigiteki jikaku*
auto-éveil conscient 意識的自覚 *ishiki teki jikaku*
auto-éveil de la conscience en général 意識一般的自覚 *ishiki ippanteki jikaku*
auto-éveil dialectique 弁証法的自覚 *benshōhōteki jikaku*
auto-éveil du monde 世界の自覚 *sekai no jikaku*
auto-éveil du monde historique 歴史的世界の自覚 *rekishiteki sekai no jikaku*
auto-éveil du néant 無の自覚 *mu no jikaku*
auto-éveil du néant absolu 絶対無の自覚 *zettai mu no jikaku*
auto-éveil du soi agissant 行為的自己の自覚 *kōiteki jiko no jikaku*
auto-éveil formel 形式的自覚 *keishikiteki jikaku*
auto-éveil imparfait 不完全なる自覚 *fukanzen naru jikaku*
auto-éveil individuel 個人的自覚 *kojinteki jikaku*
auto-éveil intellectuel 知的自覚 *chiteki jikaku*
auto-éveil négateur 否定的自覚 *hiteiteki jikaku*
auto-éveil noématique ノエマ的自覚 *noemateki jikaku*
auto-éveil noématique du néant 無のノエマ的自覚 *mu no noemateki jikaku*
auto-éveil noétique ノエシス的自覚 *noeshisuteki jikaku*
auto-éveil personnel 人格的自覚 *jinkakuteki jikaku*
auto-éveil poïétique ポイエーシス的自覚 *poieishisuteki jikaku*
auto-éveil sensible 感官的自覚 *kankanteki jikaku*

auto-éveil volontaire 意志的自覚 *ishiteki jikaku*
auto-éveillé 自覚的 *jikakuteki*
auto-éveiller (s') 自覚する *jikaku suru*
auto-éveiller (s') consciemment 意識的に自覚する *ishikiteki ni jikaku suru*
auto-identité 自己同一 *jiko dōitsu*, 自同 *jidō*
auto-identité absolument contradictoire 絶対矛盾的自己同一 *zettai mujunteki jiko dōitsu*, 絶対矛盾の自己同一 *zettai mujun no jiko dōitsu*
auto-identité absolument contradictoire entre le multiple et l'un 多と一との絶対矛盾の自己同一 *ta to ichi to no zettai mujun no jiko dōitsu*
auto-identité-basho 場所的自己同一 *bashoteki jiko dōitsu*
auto-identité contradictoire 矛盾的自己同一 *mujunteki jiko dōitsu*
auto-identité contradictoire de la réalité 現実の矛盾的自己同一 *genjitsu no mujunteki jiko dōitsu*
auto-identité contradictoire du présent 現在の矛盾的自己同一 *genzai no mujunteki jiko dōitsu*
auto-identité contradictoire entre l'intérieur et l'extérieur 内と外との矛盾的自己同一 *uchi to soto to no mujunteki jiko dōitsu*
auto-identité de la réalité 現実の自己同一 *genjitsu no jiko dōitsu*
auto-identité dialectique 弁証法的自己同一 *benshōhōteki jiko dōitsu*
auto-identité du monde 世界の自己同一 *sekai no jiko dōitsu*
autonégation 自己否定 *jiko hitei*
autre (l') 他 *ta*, 他者 *tasha*
autre (l') absolu 絶対の他 *zettai no ta*, 絶対他者 *zettai tasha*
autrui 他人 *tanin*
axiome 合理 *gōri*

basho 場所
basho de l'auto-éveil 自覚の場所 *jikaku no basho*
basho de l'être 有の場所 *yū no basho*
basho déterminé 限定せられた場所 *gentei serareta basho*
basho du basho 場所の場所 *basho no basho*

basho du néant 無の場所 *mu no basho*
basho du néant absolu 絶対無の場所 *zettai mu no basho*
beau (le) 美 *bi*
bien (le) 善 *zen*
Buddha 仏 *hotoke*

cause 原因 *gen.in*
causalité 因果 *inga*
*causa sui* カウサ．スイ *kausa sui*
ce en quoi 於てある場所 *oite aru basho*
celui qui s'auto-éveille 自覚者 jikakusha
centre de perspectivité 配景的一中心 *haikeiteki ichi chūshin*
ce qui s'auto-éveille 自覚的なるもの *jikakuteki naru mono*
ce qui se situe dans 於てあるもの *oite aru mono*
cercle 円環 *enkan*
cercle sans circonférence 周辺なき円 *shūhen naki en*
champ de conscience 意識面 *ishiki men*
champ de l'expression 表現の野 *hyōgen no ya*
chose もの *mono*
chose pensante 考えるもの *kangaeru mono*
chose qui agit 働くもの *hataraku mono*
chose sans déterminant 限定するものなきもの *gentei suru mono naki mono*
classe 類 *rui*
*cogito* コギト *kogito*
*cogito ergo sum* コギト．エルゴ．スム *kogito. erugo.sumu*
compossible コムポッシブル *komuposshiburu*
comprendre (le) 了解 *ryōkai*, フェルステーン *ferusutein, Verstehen*
concept 概念 *gainen*
concept concret 具体概念 *gutai gainen*
concept générique 類概念 *ruigainen*
connaissance 知識 *chishiki*, 認識 *ninshiki*
connaissance adéquate 十全なる知識 *jūzen naru chishiki*
connaissance conceptuelle 概念的知識 *gainenteki chishiki*

connaissance intuitive 直観的知識 *chokkanteki chishiki*
connaissance judicative 判断的知識 *handanteki chishiki*
connaissance mathématique 数学的知識 *sūgakuteki chishiki*
connaissance objective 客観的知識 *kyakkanteki chishiki*
connaissance philosophique 哲学的知識 *tetsugakuteki chishiki*
connaissance physique 物理的認識 *butsuriteki ninshiki*
connaissance scientifique 科学的知識 *kagakuteki chishiki*
connaissant/connu 知るもの/知られるもの *shiru mono/shirareru mono*
conscience 意識 *ishiki*
conscience auto-éveillée 自覚的意識 *jikakuteki ishiki*
conscience de soi 自己意識 *jiko ishiki*
conscience du « je » 私の意識 *watashi no ishiki*
conscience du « tu » 汝の意識 *nanji no ishiki*
conscience en général 意識一般 *ishiki ippan*
conscience morale 良心 *ryōshin*
conscience négatrice 否定的意識 *hiteiteki ishiki*
conscience normative 規範的意識 *kihanteki ishiki*
conscience sensitive 感覚的意識 *kankakuteki ishiki*
conscience sociale 社会的意識 *shakaiteki ishiki*
constitution du « je » 私の成立 *watashi no seiritsu*
contenu 内容 *naiyō*
contenu affectif 情意的内容 *jōiteki naiyō*
contenu auto-éveillé 自覚的内容 *jikakuteki naiyō*
contenu de l'autre absolu 絶対の他の内容 *zettai no ta no naiyō*
contenu de l'expression 表現の内容 *hyōgen no naiyō*
contenu des sentiments 情意の内容 *jōi no naiyō*
contenu du désir 欲求の内容 *yokkyū no naiyō*
contenu expressif 表現的内容 *hyōgenteki naiyō*
contenu idéal イデア的内容 *ideateki naiyō*
continuité 連続 *renzoku*
continuité de la discontinuité 非連続の連続 *hi renzoku no renzoku*
continuité de la rupture absolue 絶対の断絶の連続 *zettai no danzetsu no renzoku*

continuité discontinue 非連続的連続 *hi renzokuteki renzoku*
contradiction 矛盾 *mujun*
conversion 回心 *kaishin*
corps 身体 *shintai*
corps historique 歴史的身体 *rekishiteki shintai*
corps poïétique 制作的身体 *seisakuteki shintai*
corps technique 技術的身体 *gijutsuteki shintai*
correspondance inverse 逆対応 *gyaku taiō*
cours de la vie 生命の流れ *seimei no nagare*
cours du temps 時の流 *toki no nagare*
cours éternel 永遠の流れ *eien no nagare*
cours infini 無限の流れ *mugen no nagare*
création 創造 *sōzō*
créé (le) 作られたもの *tsukurareta mono*
créer (le) 作ること *tsukuru koto*
croix du présent 現在の十字架 *genzai no jūjika*
culture 文化 *bunka*

de ce qui est créé à ce qui crée 作られたものから作るものへ *tsukurareta mono kara tsukuru mono he*
démontrer 証明する *shōmei suru*
désir 欲求 *yokkyū*
désir de *poïesis* 制作欲 *seisaku yoku*
déterminant (le) 限定するもの *gentei suru mono*, 能限定 *nōgentei*
détermination 限定 *gentei*
détermination, résolution 決定 *kettei*
détermination agissante 行為的限定 *kōiteki gentei*
détermination-amour de soi 自愛的限定 *jiaiteki gentei*
détermination à partir du passé 過去からの限定 *kako kara no gentei*
détermination-auto-éveil 自覚的限定 *jikakuteki gentei*
détermination-auto-éveil du basho 場所の自覚的限定 *basho no jikakuteki gentei*
détermination-auto-éveil du néant 無の自覚的限定 *mu no jikakuteki gentei*

détermination-auto-éveil du néant absolu 絶対無の自覚的限定 *zettai mu no jikakuteki gentei*
détermination avec un saut 飛躍的限定 *hiyakuteki gentei*
détermination-basho 場所的限定 *bashoteki gentei*
détermination-basho de l'universel du néant 無の一般者の場所的限定 *mu no ippansha no bashoteki gentei*
détermination-basho du néant 無の場所的限定 *mu no bashoteki gentei*
détermination-basho du néant absolu 絶対無の場所的限定 *zettai mu no bashoteki gentei*
détermination catégoriale 範疇的限定 *hanchūteki gentei*
détermination circulaire 円環的限定 *enkanteki gentei*
détermination conceptuelle 概念的限定 *gainenteki gentei*
détermination connotative 内包的限定 *naihōteki gentei*
détermination consciente 意識的限定 *ishikiteki gentei*
détermination corporelle 身体的限定 *shintaiteki gentei*
détermination de ce qui est sans déterminant 限定するものなきものの限定 *gentei suru mono naki mono no gentei*
détermination de l'amour 愛の限定 *ai no gentei*
détermination de l'amour de soi 自愛の限定 *jiai no gentei*
détermination de l'autre 他の限定 *ta no gentei*
détermination de l'être 有の限定 *yū no gentei*
détermination de l'universel 一般者の限定 *ippansha no gentei*
détermination de « l'universel de l'universel » 一般者の一般者の限定 *ippansha no ippansha no gentei*
détermination dépourvue de centre 非中心的限定 *hi chūshinteki gentei*
détermination dialectique 弁証法的限定 *benshōhō teki gentei*
détermination dialectique intuitive 直観的弁証法的限定 *chokkanteki benshōhō teki gentei*
détermination dialectique processive 過程的弁証法的限定 *kateiteki benshōhō teki gentei*
détermination dotée d'un centre 中心的限定 *chūshinteki gentei*

détermination du maintenant éternel 永遠の今の限定 *eien no ima no gentei*
détermination du néant 無の限定 *mu no gentei*
détermination du présent 現在の限定 *genzai no gentei*
détermination expressive 表現的限定 *hyōgenteki gentei*
détermination extensive 外延的限定 *gaienteki gentei*
détermination historique 歴史的限定 *rekishiteki gentei*
détermination idéale イデア的限定 *ideateki gentei*
détermination immédiate 直接限定 *chokusetsu gentei*
détermination individuelle 個物的限定 *kobutsuteki gentei*
détermination-instant 瞬間的限定 *shunkanteki gentei*
détermination intemporelle 非時間的限定 *hi jikanteki gentei*
détermination interne 内面的限定 *naimenteki gentei*
détermination intuitive 直観的限定 *chokkanteki gentei*
détermination inverse 逆限定 *gyaku gentei*
détermination judicative 判断的限定 *handanteki gentei*
détermination logique 論理的限定 *ronriteki gentei*
détermination médiatrice 媒語的限定 *baigoteki gentei*
détermination-milieu 環境的限定 *kankyōteki gentei*
détermination nécessaire 必然的限定 *hitsuzenteki gentei*
détermination négatrice 否定的限定 *hiteiteki gentei*
détermination noématique ノエマ的限定 *noemateki gentei*
détermination noétique ノエシス的限定 *noeshisuteki gentei*
détermination objective 対象的限定 *taishōteki gentei*, 客観的限定 *kyakkanteki gentei*
détermination personnelle 人格的限定 *jinkakuteki gentei*
détermination pratique 実践的限定 *jissenteki gentei*
détermination prédicative 述語的限定 *jutsugoteki gentei*
détermination processive 過程的限定 *kateiteki gentei*
détermination rationnelle 合理的限定 *gōriteki gentei*
détermination réciproque 相互限定 *sōgo gentei*
détermination réciproque des individuels 個物相互限定 *kobutsu sōgo gentei*

détermination sans déterminant 限定するものなき限定 *gentei suru mono naki gentei*
détermination sensible 感官的限定 *kankanteki gentei*
détermination sociale 社会的限定 *shakaiteki gentei*
détermination socio-historique 社会的歴史的限定 *shakaiteki rekishiteki gentei*
détermination spatiale 空間的限定 *kūkanteki gentei*
détermination subjective 主語的限定 *shugoteki genkei*
détermination sur le plan absolu où la mort *est/n'est pas* la vie 死即生なる絶対面的限定 *shi soku sei naru zettai menteki gentei*
détermination sur le plan de détermination 限定面的限定 *gentei menteki gentei*
détermination sur le plan de la mineure 小語面的限定 *shōgo menteki gentei*
détermination sur le plan du prédicat 述語面的限定 *jutsugo menteki gentei*
détermination sur le plan noématique ノエマ面的限定 *noema menteki gentei*
détermination temporelle 時の限定 *toki no gentei*, 時間的限定 *jikanteki gentei*
détermination volontaire 意志的限定 *ishiteki gentei*
déterminé (le) 限定せられるもの *gentei serareru mono*, 所限定 *sho gentei*, 決定せられたもの *kettei serareta mono*
déterminer 限定する *gentei suru*
déterminer, décider 決定する *kettei suru*
développement 発展 *hatten*
devoir 当為 *tōi*
dialectique 弁証法 *benshōhō*
dialectique de la négation absolue 絶対否定の弁証法 *zettai hitei no benshōhō*
dialectique du basho 場所的弁証法 *bashoteki benshōhō*
dialectique processive 過程的弁証法 *kateiteki benshōhō*
dieu 神 *kami*
dieu de la négation absolue 絶対否定の神 *zettai hitei no kami*

direction négatrice 否定的方向 *hiteiteki hōkō*
discontinuité 非連続 *hirenzoku*
domaine de l'être 有の範囲 *yū no han.i*
donné (le) 所与 *shoyo*
doute 懐疑 *kaigi*
durée pure 純粋持続 *junsui jizoku*

émotion 感情 *kanjō*
ensemble 集合 *shūgō*
entéléchie エンテレケーア *enterekeia*
*éros* エロス *erosu*
espace 環境 *kankyō*
espace historique 歴史的環境 *rekishiteki kankyō*
espèce 種 *shu*
espèce historique 歴史的種 *rekishiteki shu*
esprit 精神 *seishin*
esprit absolu 絶対精神 *zettai seishin*
esprit cosmique 宇宙的精神 *uchūteki seishin*
esprit objectif 客観的精神 *kyakkanteki seishin*
essence 本質 *honshitsu*
*est/n'est pas* 即 *soku*
étant (l'), être (l') existant, ce qui existe 有るもの *aru mono*
étantité 存在性 *sonzaisei*
État 国家 *kokka*
éternité 永遠 *eien*, 永遠的なるもの *eienteki naru mono*
être (l') 有 *yū*, 存在者 *sonzaisha*
être (l'), existence 存在 *sonzai*
être (l') absolu 絶対有 *zettai yū*
être-basho (l') 場所的有 *bashoteki yū*
être (l') comme auto-éveil 自覚的有 *jikakuteki yū*
être (l') concret 具体的有 *gutaiteki yū*
existence auto-éveillée 自覚的存在 *jikakuteki sonzai*
expérience auto-éveillée 自覚的体験 *jikakuteki taiken*
expérimentation 実験 *jikken*

expression 表現 *hyōgen*
expression symbolique 記号的自己表現 *kigōteki jiko hyōgen*
fait 事実 *jijitsu*
fait d'hier/fait d'aujourd'hui 昨日の事実/今日の事実 *kinō no jijitsu/kyō no jijitsu*
fonction propositionnelle 命題的函数 *meidaiteki kansū*
force 力 *chikara*
formation 形成 *keisei*
forme 形 *katachi*, 形相 *keisō*, 形式 *keishiki*
forme de la forme 形の形 *katachi no katachi*
forme déterminée 決定せられた形 *kettei serareta katachi*
former 形成する *keisei suru*, 形作る *katachi zukuru*
futur 未来 *mirai*
futur du présent 現在の未来 *genzai no mirai*
futur éternel 永遠の未来 *eien no mirai*

histoire 歴史 *rekishi*
histoire primitive 原始歴史 *genshi rekishi*
*homo faber* ホモ．ファーベル *homo. faaberu*
*hypokeimenon* ヒポケーメノン *hipokeimenon*

idée イデア *idea*
identique 同一的 *dōitsuteki*
identité 同一 *dōitsu*
identité des indiscernables 不可識別的なるものの同一 *fukashikibetsuteki naru mono no dōitsu*
immanence 内在 *naizai*
inconscient 無意識 *muishiki*
individu 個人 *kojin*
individualisme 個人主義 *kojin shugi*
individualité 個人性 *kojinsei*
individuel (l') 個物 *kobutsu*
individuel (l') qui se meut 動く個物 *ugoku kobutsu*
inspection de l'esprit 精神の直観 *seishin no chokkan*

instant 瞬間 *shunkan*
instinct 本能 *honnō*
intemporel (l') 非時間的なるもの *hi jikanteki naru mono*
intuition 直観 *chokkan*
intuition directe 直覚 *chokkaku*
intuition agissante 行為的直観 *kōiteki chokkan*
intuition artistique 芸術的直観 *geijutsuteki chokkan*
intuition auto-éveillée 自覚的直観 *jikakuteki chokkan*
intuition créatrice 創造的直観 *sōzō teki chokkan*
intuition dialectique 弁証法的直観 *benshōhō teki chokkan*
intuition mathématique 数学的直観 *sūgakuteki chokkan*
irrationalité 非合理性 *higōrisei*
irrationalité artistique 芸術的非合理性 *geijutsuteki higōrisei*
irrationalité du « tu » 汝の非合理性 *nanji no higōrisei*
irrationalité historique 歴史的非合理性 *rekishiteki higōrisei*
irréitérable (l') 一度的なるもの *ichidoteki naru mono*

je 私 *watashi*
« je » d'hier/« je » d'aujourd'hui 昨日の私/今日の私 *kinō no watashi/kyō no watashi*
« je » et « tu » 私と汝 *watashi to nanji*
« je pense » 私が考える *watashi ga kangaeru*
« je » présent 現在の私 *genzai no watashi*
« je » véritable 真の私 *shin no watashi*
jugement 判断 *handan*
jugement d'auto-identité 自同判断 *jidō handan*
jugement d'identité 同一判断 *dōitsu handan*
juridique 法律的 *hōritsuteki*

langage 言語 *gengo*
largeur/longueur 横/縦 *yoko/tate*
liberté 自由 *jiyū*
ligne 線 *sen*
ligne de détermination objective 対象的限定線 *taishōteki gentei sen*

ligne d'univers 世界線 *sekai sen*
limite de la détermination 限定の極限 *gentei no kyokugen*
logique 論理 *ronri*
logique abstraite 抽象論理 *chūshō ronri*
logique concrète 具体的論理 *gutaiteki ronri*
logique dialectique 弁証法的論理 *benshōhōteki ronri*
logique du basho 場所的論理 *bashoteki ronri*
logique formelle 形式論理 *keishiki ronri*
logique judicative 判断的論理 *handanteki ronri*
logique objective 対象論理 *taishō ronri*
logique subjective 主語的論理 *shugoteki ronri*
loi 法則 *hōsoku*

maintenant 今 *ima*
maintenant éternel 永遠の今 *eien no ima*
mal radical 根本悪 *konpon aku*
malin génie 魔 *ma*
matérialisme 唯物論 *yuibutsuron*
mathématiques 数理学 *sūrigaku*
*mathèsis universalis* マテーシスウニヴェルサリス *mateishisu univerusarisu*
matière 質料 *shitsuryō*, 物質 *busshitsu*
matière dialectique 弁証法的物質 *benshōhōteki busshitsu*
matière historique 歴史的物質 *rekishiteki busshitsu*
matière irrationnelle 非合理的物質 *hi gōriteki busshitsu*
mémoire 記憶 *kioku*
*mè on* メ．オン *me. on*
métaphysique 形而上学 *keijijōgaku*
milieu 環境 *kankyō*
mode de production 生産様式 *seisan yōshiki*
moi 我 *ware*, 自我 *jiga*
moi de l'instant de maintenant/moi de l'instant précédent 今の瞬間の我/前の瞬間の我 *ima no shunkan no ware/mae no shunkan no ware*

moi d'hier/moi d'aujourd'hui 昨日の我/今日の我 *kinō no ware/kyō no ware*
moi présent/moi passé 現在の我/過去の我 *genzai no ware/kako no ware*
moi pur 純我 *junga*
moi transcendant 超越我 *chōetsu ga*
moi transcendantal 先験的我 *senkenteki ga*
monade モナド *monado*
monadologie モナドロジー *monadorojii*
monde 世界 *sekai*
monde biologique 生物的世界 *seibutsuteki sekai*
monde concret de l'auto-identité contradictoire 具体的な矛盾的自己同一の世界 *gutaiteki na mujunteki jiko dōitsu no sekai*
monde créateur 創造的世界 *sōzōteki sekai*
monde de la détermination du néant 無の限定の世界 *mu no gentei no sekai*
monde de l'agir 行為の世界 *kōi no sekai*
monde de la nature 自然界 *shizen kai*
monde de la réalité 実在の世界 *jitsuzai no sekai*
monde de l'auto-identité absolument contradictoire 絶対矛盾的自己同一の世界 *zettai mujunteki jiko dōitsu no sekai*
monde de la vie 生命の世界 *seimei no sekai*
monde de l'expression 表現の世界 *hyōgen no sekai*
monde de l'humain 人間の世界 *ningen no sekai*
monde dialectique 弁証法的世界 *benshōhōteki sekai*
monde historique 歴史的世界 *rekishiteki sekai*
monde intemporel 非時間的な世界 *hi jikanteki na sekai*
monde matériel 物質の世界 *busshitsu no sekai*
monde objectif 客観界 *kyakkan kai*
monde physique 物理的世界 *butsuriteki sekai*
monde temporel 時の世界 *toki no sekai*
morale 道徳 *dōtoku*
mort 死 *shi*
mouvement dialectique 弁証法的運動 *benshōhōteki undō*

multiple 多 *ta*
mythe 神話 *shinwa*
naissance et mort 生滅 *shōmetsu*
nation 民族 *minzoku*
nature 自然 *shizen*
néant 無 *mu*
néant absolu 絶対無 *zettai mu*, 絶対の無 *zettai no mu*
néant absolu négateur 否定的なる絶対無 *hiteiteki naru zettai mu*
néant éternel 永遠の無 *eien no mu*
néant négateur 否定的無 *hiteiteki mu*
néant oppositionnel 対立的無 *tairitsuteki mu*
néant oriental 東洋的無 *tōyōteki mu*
néant relatif 相対的無 *sōtaiteki mu*
néant véritable 真の無 *shin no mu*
négateur 否定的 *hiteiteki*
négation 否定 *hitei*
négation absolue 絶対否定 *zettai hitei*, 絶対的否定 *zettaiteki hitei*, 絶対の否定 *zettai no hitei*
négation de la négation 否定の否定 *hitei no hitei*
négation de l'autre 他の否定 *ta no hitei*
négation du temps 時間の否定 *jikan no hitei*
négation réciproque 相互否定 *sōgo hitei*
noème ノエマ *noema*
noèse ノエシス *noeshisu*
nombre 数 *sū*
non-être 非有 *hi yū*, 無有 *mu yū*

objectivation de ses propres sentiments 感情移入 *kanjō inyū*
objectivisme 客観論 *kyakkanron*
objectivité de la connaissance 知識の客観性 *chishiki no kyakkansei*
objet 客観 *kyakkan*
objet 対象 *taishō*
obligation 義務 *gimu*
œuvre artistique 芸術的作品 *geijutsuteki sakuhin*

ontologie 存在論 *sonzairon*
ontologique 存在的 *sonzaiteki*, 存在論的 *sonzaironteki*
opposition 対立 *tairitsu*
opposition négatrice réciproque 相互否定的対立 *sōgo hiteiteki tairitsu*
opposition sujet/objet 主観客観の対立 *shukan kyakkan no tairitsu*
opposition/synthèse 対立/総合 *tairitsu/sōgō*

particulier (le) 特殊 *tokushu*
passé 過去 *kako*
passé du passé 過去の過去 *kako no kako*
passé du présent 現在の過去 *genzai no kako*
passé éternel 永遠の過去 *eien no kako*
péché 罪 *tsumi*
pensée 思想 *shisō*
perception interne 内部知覚 *naibu chikaku*
personnalité 人格 *jinkaku*
personne, être humain 人 *hito*
perspective ペルスペクチーフ *perusupekuchiifu*
phénomène 現象 *genshō*
phénomène biologique 生物現象 *seibutsu genshō*
phénomène de conscience 意識現象 *ishiki genshō*
phénoménologie 現象学 *genshōgaku*
philosophie 哲学 *tetsugaku*
physique (la) 物理学 *butsurigaku*
plan de conscience 意識面 *ishiki men*
plan de conscience auto-éveillée 自覚的意識面 *jikakuteki ishiki men*
plan de détermination 限定面 *gentei men*
plan de détermination du néant 無の限定面 *mu no gentei men*
plan de détermination noétique ノエシス的限定面 *noeshisuteki gentei men*
plan de la négation 否定面 *hitei men*
plan de la négation absolue 絶対的否定面 *zettaiteki hitei men*
plan de l'auto-éveil 自覚面 *jikaku men*

plan de l'auto-éveil négateur 否定的自覚面 *hiteiteki jikaku men*
plan du déterminant 能限定面 *nōgentei men*
plan du déterminé 所限定面 *shogentei men*
plan du prédicat déterminé 限定せられた述語面 *gentei serareta jutsugo men*
*poïesis* ポイエシス *poieshisu*
position absolue 絶対に措定的なるもの *zettai ni soteiteki naru mono*
pouvoir de l'autre 他力 *tariki*
pouvoir propre 自力 *jiriki*
pratique 実践 *jissen*
présent 現在 *genzai*
présent absolu 絶対現在 *zettai genzai*, 絶対的現在 *zettaiteki genzai*
présent (le) déterminé 限定せられた現在 *gentei serareta genzai*, 所限定的現在 *shogenteiteki genzai*
présent du futur 未来の現在 *mirai no genzai*
présent du passé 過去の現在 *kako no genzai*
présent du présent 現在の現在 *genzai no genzai*
présent qui se détermine 能限定的現在 *nōgenteiteki genzai*
preuve 証明 *shōmei*
preuve ontologique オントロギー的証明 *ontorogiiteki shōmei*
prévision 予感 *yokan*
principe d'autodétermination 自己限定の原理 *jiko gentei no genri*
principe de contradiction 矛盾律 *mujun ritsu*
principe de détermination 限定原理 *gentei genri*
principe de négation 否定の原理 *hitei no genri*
principe de raison suffisante 充足律 *jūsoku ritsu*
principe du monde 世界の根元 *sekai no kongen*
processus créateur 創造的過程 *sōzō teki katei*
processus d'auto-éveil 自覚的過程 *jikakuteki katei*
processus infini 無限の過程 *mugen no katei*
production 生産 *seisan*
proposition logique 論理的命題 *ronriteki meidai*
psychologisme 心理主義 *shinrishugi*

raison 理性 *risei*
raison d'État 国家存在理由 *kokka sonzai riyū*
réaction 反作用 *han sayō*
réalité 実在 *jitsuzai*
refléter 映す *utsusu*
réflexion 反省 *hansei*
règne des fins 目的の王国 *mokuteki no ōkoku*
relation 関係 *kankei*
relation expressive 表現的関係 *hyōgenteki kankei*
relation temporelle 時の関係 *toki no kankei*
religion 宗教 *shūkyō*
réponse 応答 *ōtō*
représentation 表象 *hyōshō*
respect 敬 *kyō*

sans intermédiaire 無媒介的 *mu baikaiteki*
science 科学 *kagaku*
sens 感官 *kankan*
sens interne 内的感官 *naiteki kankan*
sensation 感覚 *kankaku*
sentiment 感情 *kanjō*
sentiment cosmique 宇宙的感情 *uchūteki kanjō*
sentiment intime サンチマン．アンチーム *sanchiman. anchiimu*
série 系列 *keiretsu*
signe 符号 *fugō*
signification 意味 *imi*
signification absolument négatrice 絶対否定の意義 *zettai hitei no igi*
simple être 単なる有 *tan naru yū*
simple matière 単なる物質 *tan naru busshitsu*
simple néant 単なる無 *tan naru mu*
société 社会 *shakai*
soi 自己 *jiko*
soi agissant 行為的自己 *kōiteki jiko*
soi auto-éveillé 自覚的自己 *jikakuteki jiko*

soi conscient 意識的自己 *ishikiteki jiko*
soi corporel 身体的自己 *shintaiteki jiko*
soi créateur 創造的自己 *sōzōteki jiko*
soi déterminé 限定せられた自己 *gentei serareta jiko*
soi individuel 個人的自己 *kojinteki jiko*
soi latent 潜在的自己 *senzaiteki jiko*
soi objectif 客観的自己 *kyakkanteki jiko*
soi pensant 思惟的自己 *shiiteki jiko*
soi pensé 考えられた自己 *kangaerareta jiko*
soi personnel 人格的自己 *jinkakuteki jiko*
soi présent/soi passé 現在の自己/過去の自己 *genzai no jiko/kako no jiko*
soi sensible 感覚的自己 *kankakuteki jiko*
soi social 社会的自己 *shakaiteki jiko*
soi transcendant 超越的自己 *chōetsuteki jiko*
soi transcendantal 先験的自己 *senkenteki jiko*
soi universel 一般的自己 *ippanteki jiko*
soi véritable 真の自己 *shin no jiko*
solipsisme 独我論 *dokugaron*
souvenir 想起 *sōki*
spiritualisme 唯心論 *yuishinron*
subjectivisme 主観論 *shukanron*
substance 実体 *jittai*
*substratum* 基体 *kitai*, 基底 *kitei*
sujet 主語 *shugo*, 主観 *shukan*, 主体 *shutai*
sujet de connaissance 認識主観 *ninshiki shukan*
sujet qui ne devient pas prédicat 主語となって述語とならない *shugo to natte jutsugo to naranai*
*sum cogitans* スム．コギタンス *sumu. kogitansu*
syllogisme 推論式 *suironshiki*
symbole 象徴 *shōchō*
synthèse 総合 *sōgō*, ジンテージス *jinteejisu*
système 体系 *taikei*

tâche 課題 *kadai*
*Tathandlung* 事行 *jikō*
temporel (le) 時間的なるもの *jikanteki naru mono*
temps 時間 *jikan*, 時 *toki*
temps historique 歴史的時 *rekishiteki toki*
temps innombrables 無数の時 *musū no toki*
temps objectif 客観的時 *kyakkanteki toki*
temps rectilinéaire 直線的時 *chokusenteki toki*
théorie des groupes 群論 *gunron*, 集合論 *shūgōron*
thèse テージス *teejisu*
transcendance 超越 *chōetsu*
transition intérieure 内的推移 *naiteki suii*
« tu » historique 歴史的汝 *rekishiteki nanji*
« tu » passé 過ぎ去った汝 *sugisatta nanji*
type 類型 *ruikei*

un (l') 一 *ichi*, 一者 *issha*
un (l') absolu 絶対一者 *zettai issha*
un (l') transcendant 超越的一者 *chōetsuteki issha*
unité 統一 *tōitsu*
unité avec un saut 飛躍的統一 *hiyakuteki tōitsu*
unité corps/esprit 身心一如 *shinshin ichinyo*
unité de la conscience 意識統一 *ishiki tōitsu*
unité disjointe 分離的統一 *bunriteki tōitsu*
unité négatrice 否定的統一 *hiteiteki tōitsu*
unité objective 対象的統一 *taishōteki tōitsu*
unité personnelle 人格的統一 *jinkakuteki tōitsu*
unité synthétique 総合統一 *sōgō tōitsu*
universel (l') 一般者 *ippansha*
universel (l') concret 具体的一般者 *gutaiteki ippansha*
universel (l') de l'agir 行為的一般者 *kōiteki ippansha*
universel (l') de l'auto-éveil 自覚的一般者 *jikakuteki ippansha*
universel (l') de l'être 有の一般者 *yū no ippansha*
universel (l') de l'universel 一般者の一般者 *ippansha no ippansha*

universel (l') déterminé 限定せられた一般者 *gentei serareta ippansha*
universel (l') dialectique 弁証法的一般者 *benshōhōteki ippansha*
universel (l') du basho 場所の一般者 *basho no ippansha*
universel (l') du jugement 判断的一般者 *handanteki ippansha*
universel (l') du néant 無の一般者 *mu no ippansha*

valeurs 価値 *kachi*
véritable réalité 真の実在 *shin no jitsuzai*
vérité 真理 *shinri*
vérité claire et distincte 明晰判明なる真理 *meiseki hanmei naru shinri*
vie 生命 *seimei*
vie animale 動物的生命 *dōbutsuteki seimei*
vie biologique 生物的生命 *seibutsuteki seimei*
vie éternelle 永遠の生命 *eien no seimei*
vie historique 歴史的生命 *rekishiteki seimei*
vie individuelle 個人的生命 *kojinteki seimei*
vie intérieure 内的生命 *naiteki seimei*
vie spécifique 種的生命 *shuteki seimei*
vie véritable 真の生命 *shin no seimei*
voir (le) 見ること *miru koto*
voir sans voyant 見るものなくして見る *miru mono naku shite miru*
volonté 意志 *ishi*
volonté auto-éveillée 自覚的意志 *jikakuteki ishi*
volonté libre 自由意志 *jiyū ishi*
vrai (le) 真 *shin*

*Chapitre 5*

# RESSOURCES BIBLIOGRAPHIQUES

## *1 - Traductions de Nishida*


NISHIDA Kitarō, « Brief an den Schriftleiter der Zeitschrift Risō » : *Cultural Nippon* 4 (1936, n° 2) 123-8 (trad. Oki R.).

NISHIDA Kitarō, « Logik und Leben » : *Cultural Nippon* 4 (1936, n° 4) 365-70.

NISHIDA Kitarō, « Der metaphysische hintergrund Gœthes » : *Gœthe* 3 (1938, n° 2).

NISHIDA Kitarō, « Die morgenländische und abendländische Kulturformen in alter Zeit vom metaphysischen Standpunkt ausgesehen » : *Abhandlungen der Preußischen Akademie der Wissenschaft, Einzelausgabe* (1939) 3-19 (trad. Takahashi F.).

NISHIDA Kitarō, « Die Einheit des Wahren, des Schönen und des Guten » : *Journal of the Sendai International Society* (1940) 116-66 (trad. Takahashi F.).

NISHIDA Kitarō, « Die intelligible Welt », dans NISHIDA Kitarō, *Die intelligible Welt. Drei philosophische Abhandlungen*, Berlin, Verlag Walter de Gruyter, 1943 (trad. Robert Schinzinger).

NISHIDA Kitarō, « Der metaphysische hintergrund Gœthes », dans NISHIDA Kitarō, *Die intelligible Welt. Drei philosophische Abhandlungen*, Berlin, Verlag Walter de Gruyter, 1943, p. 125-38 (trad. Robert Schinzinger).

NISHIDA Kitarō, « Gœthe's Metaphysical Background », dans NISHIDA Kitarō, *Intelligibility and the Philosophy of Nothingness*, Tōkyō, Maruzen, 1958, 251 p. ; p. 143-59 (trad. Robert Schinzinger).

NISHIDA Kitarō, *Intelligibility and the Philosophy of Nothingness. Three Philosophical Essays*, Tōkyō , Maruzen, 1958, 251 p. (trad. Robert Schinzinger).

NISHIDA Kitarō, « The Intelligible World », dans NISHIDA Kitarō, *Intelligibility and the Philosophy of Nothingness*, Tōkyō, Maruzen, 1958, 251 p. ; p. 68-141 (trad. Robert Schinzinger).

NISHIDA Kitarō, « The Problem of Japanese Culture », dans TSUNODA Ryusaku, Wn Theodore DE BARY et Donald KEENE (éd.), *Sources of Japanese Tradition*, New York, Columbia University Press, 1958, p. 857-72 (trad. Abe Masao et R. DeMartino).

NISHIDA Kitarō, « The Unity of Opposites », dans NISHIDA Kitarō, *Intelligibility and the Philosophy of Nothingness*, Tōkyō, Maruzen, 1958, 251 p. ; p. 161-241 (trad. Robert Schinzinger).

NISHIDA Kitarō, *A Study of Good*, Tōkyō, Japanese Government Printing Bureau, 1960 (trad. Valdo Viglielmo).

NISHIDA Kitarō, *Ensayo sobre el bien*, Madrid, Revista de Occidente, 1963 (trad. Anselmo Mataix et José M. de Vera).

NISHIDA Kitarō, *Fundamental Problems of Philosophy*, Tōkyō, Sophia University, 1970, 258 p. (trad. David Dilworth).

NISHIDA Kitarō, « Religious Consciousness and the Logic of the Prajñâparamitâ Sutra » : *Monumenta Nipponica* 25 (1970) 3-16 (trad. David Dilworth).

NISHIDA Kitarō, « Towards a Philosophy of Religion with the Concept of Preestablished Harmony as a Guide » : *The Eastern Buddhist* 3 (1970, n° 1) 19-46 (trad. David Dilworth).

NISHIDA Kitarō, *Art and Morality*, Honolulu, University of Hawaii Press, 1973, 216 p. (trad. David A. Dilworth et Valdo H. Viglielmo).

NISHIDA Kitarō, « Was liegt dem Selbstsein zugrunde ? » , dans YAGI Seichi et Ulrich LUZ (éd.), *Gott in Japan. Anstöße zum Gespräch mit japanischen Philosophen, Theologen und Schriftstellern*, Munich, Kaiser, 1973, p. 94-112 (trad. Yagi Seiichi).

NISHIDA Kitarō, « Affective Feeling », dans NITTA Yoshihiro et TATEMATSU Hirokata (éd.), *Analecta Husserliana*, v. 8 : *Japanese Phenomenology. Phenomenology as the Trans-cultural*

*Philosophical Approach*, Dordrecht, 1979, 291 p. ; p. 223-47 (trad. David A. Dilworth et Valdo H. Viglielmo).

NISHIDA Kitarō, « On the Doubt in the Heart » : *The Eastern Buddhist* 17 (1984, n° 2) 7-11 (trad. Jeff Shore et Nagasawa Fusako).

NISHIDA Kitarō, « La crisis de la cultura japonesa », dans Agustin JACINTO ZAVALA (éd.), *Estado y Filosofía*, Michoacán, El Colegio de Michoacán, 1985, p. 41-134 (trad. Agustín Jacinto Zavala).

NISHIDA Kitarō, « El problema de la razón de estado », dans Agustin JACINTO ZAVALA (éd.), *Estado y Filosofía*, Michoacán, El Colegio de Michoacán, 1985, p. 135-93 (trad. Agustín Jacinto Zavala).

NISHIDA Kitarō, « Teoría del kokutai », dans Agustin JACINTO ZAVALA (éd.), *Estado y Filosofía*, Michoacán, El Colegio de Michoacán, 1985, p. 195-228 (trad. Agustín Jacinto Zavala).

NISHIDA Kitarō, « Dieu », dans *Cahiers pour un temps. Écritures japonaises*, Paris, Centre Georges Pompidou, 1986, p. 89-101 (trad. Frédéric Girard).

NISHIDA Kitarō, « The Logic of Topos and the Religious Worldview » : *The Eastern Buddhist* 19 (1986, n° 2) 1-29; 20 (n° 1) 81-119 (trad. Yusa Michiko).

NISHIDA Kitarō, « An Explanation of Beauty. Nishida Kitarō's "Bi no Setsumei" » : *Monumenta Nipponica* 42 (1987, n° 2) 215-7 (trad. Steve Odin).

NISHIDA Kitarō, « Concerning my Logic », dans NISHIDA Kitarō, *Last Writings. Nothingness and the Religious Worldview*, Honolulu, University of Hawaii Press, 1987, 155 p. ; p. 125-6 (trad. David Dilworth).

NISHIDA Kitarō, *Intuition and Reflection in Self-consciousness*, Albany, SUNY Press, 1987, 204 p. (trad. Valdo Viglielmo, Takeuchi Yoshinori et Joseph O'Leary).

NISHIDA Kitarō, *Last Writings. Nothingness and the Religious Worldview*, Honolulu, University of Hawaii Press, 1987, 155 p. (trad. David A. Dilworth).

NISHIDA Kitarō, « The Logic of the Place of Nothingness and the Religious Worldview », dans NISHIDA Kitarō, *Last Writings. Nothingness and the Religious Worldview*, Honolulu, University of Hawaii Press, 1987, 155 p. ; p. 47-123 (trad. David A. Dilworth).

NISHIDA Kitarō, *A Study of Good*, New York, Greenwood Press, 1988, 217 p. (trad. Valdo Viglielmo).

NISHIDA Kitarō, *Über das Gute (Zen no Kenkyu, 1911). Eine Philosophie der reinen Erfahrung*, Frankfurt am Main, Insel, 1989, 219 p. (trad. Peter Pörtner).

NISHIDA Kitarō, *An Inquiry into the Good*, New Haven and London, Yale University Press, 1990, 184 p. (trad. Abe Masao et Christopher Ives).

NISHIDA Kitarō, « Die künsterlische Schaffen als Gestaltungsakt der Geschichte », dans ŌHASHI Ryōsuke (éd.), *Die Philosophie der Kyōto Schule*, Freiburg, Karl Alber, 1990, p. 119-37 (trad. Elmar Weinmayr).

NISHIDA Kitarō, « Selbstidentität und Kontinuität der Welt », dans ŌHASHI Ryōsuke (éd.), *Die Philosophie der Kyōto Schule*, Freiburg, Karl Alber, 1990, p. 54-118 (trad. Elmar Weinmayr).

NISHIDA Kitarō, « Die Welt als dialektisches Allgemeines », dans MATSUDO Yukio, *Die Welt als dialektisches Allgemeines. Eine Einführung in die Spätphilosophie von Kitarō Nishida*, Berlin, Vista, 1990, 252 p. ; p. 115-246 (trad. Matsudo Yukio).

NISHIDA Kitarō, *La Culture japonaise en question*, Paris, Publications orientalistes de France, 1991, 127 p. (trad. Pierre Lavelle).

NISHIDA Kitarō, « Discurso ente el Tennō. Sobre la filosofía de la historia », dans Agustin JACINTO ZAVALA (éd.), *Textos de la filosofía japonesa moderna. Antologia*, vol. 1, Michoacán, El Colegio de Michoacán, 1995, 375 p. ; p. 103-7 (trad. Agustín Jacinto Zavala).

NISHIDA Kitarō, « La experiencia pura », dans Agustin JACINTO ZAVALA (éd.), *Textos de la filosofía japonesa moderna. Antologia*, vol. 1, Michoacán, El Colegio de Michoacán, 1995, 375 p. ; p. 67-74 (trad. Agustín Jacinto Zavala).

NISHIDA Kitarō, « Fundamentación filosófica de las matemáticas », dans Agustin JACINTO ZAVALA (éd.), *Textos de la filosofía japonesa moderna. Antologia*, vol. 1, Michoacán, El Colegio de Michoacán, 1995, 375 p. ; p. 109-52 (trad. Agustín Jacinto Zavala).

NISHIDA Kitarō, « Gutoku Shinran » : *The Eastern Buddhist* 28 (1995, n° 2) 242-4 (trad. Dennis Hirota).

NISHIDA Kitarō, *Indagación del bien*, Barcelona, Gedisa, 1995, 235 p. (trad. Alberto Luis Bixio).

NISHIDA Kitarō, « Lógica del topos y cosmovisión religiosa », dans Agustin JACINTO ZAVALA (dir.), *Textos de la filosofía japonesa moderna. Antologia*, vol. 1, Michoacán, El Colegio de Michoacán, 1995, 375 p. ; p. 153-233 (trad. Agustín Jacinto Zavala).

NISHIDA Kitarō, « On Lafcadio Hearn » : *Monumenta Nipponica* 51 (1995, n° 3) 313-6 (trad. Yusa Michiko).

NISHIDA Kitarō, « Problemas de la cultura japonesa », dans Agustin JACINTO ZAVALA (éd.), *Textos de la filosofía japonesa moderna. Antologia*, vol. 1, Michoacán, El Colegio de Michoacán, 1995, 375 p. ; p. 75-102 (trad. Agustín Jacinto Zavala).

NISHIDA Kitarō, « The Retirement Speech of a Certain Professor » : *The Eastern Buddhist* 28 (1995, n° 2) 245-7 (trad. Yokoyama Wayne).

NISHIDA Kitarō, « La beauté de la calligraphie », dans « La philosophie au Japon », *Encyclopédie philosophique universelle, Le Discours philosophique*, Paris, PUF, 1996, p. 605-6 (trad. Frédéric Girard).

NISHIDA Kitarō, « L'essence nationale du Japon. *Kokutai* », dans Yves-Marie ALLIOUX (éd.), *Cent ans de pensée au Japon*, t. 2, Mas Le Vert, Éditions Philippe Picquier, 1996, 387 p. ; p. 81-114 (trad. Pierre Lavelle).

NISHIDA Kitarō, « Expérience pure », dans « La philosophie au Japon », *Encyclopédie philosophique universelle, Le Discours philosophique*, Paris, PUF, 1996, p. 606-7 (trad. Frédéric Girard).

NISHIDA Kitarō, « Foreword to Tanabe Ryōji, Koizumi Yakumo » : *Monumenta Nipponica* 51 (1996) 313-6 (trad. Yusa Michiko).

NISHIDA Kitarō, *L'Io e il Tu*, Padova, Unipress, 1996 (trad. Andolfato Renato).

NISHIDA Kitarō, « La nature libre de la langue japonaise », dans « La philosophie au Japon », *Encyclopédie philosophique universelle, Le Discours philosophique*, Paris, PUF, 1996, p. 605-06 (trad. Frédéric Girard).

NISHIDA Kitarō, « The Principle of the New World Order » : *Monumenta Nipponica* 51 (1996, n° 1) 100-5 (trad. Arisaka Yō ko).

NISHIDA Kitarō, « Coincidentia Oppositorum and Love » : *The Eastern Buddhist* 30 (1997, n° 1) 1-12 (trad. Wayne Yokoyama).

NISHIDA Kitarō, *Essai sur le bien, chapitres I et II : L'Expérience pure, la réalité*, Bordeaux, Osiris, 1997, 128 p. (trad. Oshima Hitoshi).

NISHIDA Kitarō, « Logica del topos y cosmovision religiosa », dans Agustin JACINTO ZAVALA (éd.), *Ensayos filosoficos japoneses*, Mexico, Cien del mundo, 1997, 256 p. ; p. 55-130.

NISHIDA Kitarō, « Nishida Kitarō, "Unmittelbar Gegebenes" und "Anschauung und Wille" » : *Humanitas* 35 (février 1997) 13-63 (trad. N. Gülberg).

NISHIDA Kitarō, « The Forms of Culture of the Classical Periods of East and West Seen from a Metaphysical Perspective », dans David A. DILWORTH, Valdo H. VIGLIELMO et Agustin JACINTO ZAVALA (éd.), *Sourcebook for Modern Japanese Philosophy. Selected Documents*, Westport, Greenwood Press, 1998, 420 p. ; p. 21-36 (trad. David A. Dilworth et Valdo H. Viglielmo).

NISHIDA Kitarō, « Fundamental Principles of a New World Order », dans David A. DILWORTH, Valdo H. VIGLIELMO et Agustin JACINTO ZAVALA (éd.), *Sourcebook for Modern Japanese Philosophy. Selected Documents*, Westport, Greenwood Press, 1998, 420 p. ; p. 73-7 (trad. David A. Dilworth et Valdo H. Viglielmo).

NISHIDA Kitarō, « The Historical Body », dans David A. DILWORTH, Valdo H. VIGLIELMO et Agustin JACINTO ZAVALA (éd.),

*Sourcebook for Modern Japanese Philosophy. Selected Documents*, Westport, Greenwood Press, 1998, 420 p. ; p. 37-53 (trad. David A. Dilworth et Valdo H. Viglielmo).

NISHIDA Kitarō, « Le monde intelligible (1) » : *Ebisu* (1998, n° 17) 129-40 (trad. Jacynthe Tremblay).

NISHIDA Kitarō, « Le monde intelligible (2) » : *Ebisu* (1998, n° 18) 107-46 (trad. Jacynthe Tremblay).

NISHIDA Kitarō, « On National Polity », dans David A. DILWORTH, Valdo H. VIGLIELMO et Agustin Jacinto ZAVALA (éd.), *Sourcebook for Modern Japanese Philosophy. Selected Documents*, Westport, Greenwood Press, 1998, 420 p. ; p. 78-95 (trad. David A. Dilworth et Valdo H. Viglielmo).

NISHIDA Kitarō, « The World as Identity of Absolute Contradiction », dans David A. DILWORTH, Valdo H. VIGLIELMO et Agustin JACINTO ZAVALA (éd.), *Sourcebook for Modern Japanese Philosophy. Selected Documents*, Westport, Greenwood Press, 1998, 420 p. ; p. 54-72 (trad. David A. Dilworth et Valdo H. Viglielmo).

NISHIDA Kitarō, « Ich und Du », dans NISHIDA Kitarō, *Logik des Ortes. Der Anfang der modernen Philosophie in Japan*, Darmstadt, Wissenschaftliche Buchgesellschaft, 1999, 310 p. ; p. 140-203 (trad. Rolf Elberfeld).

NISHIDA Kitarō, *Logik des Ortes. Der Anfang der modernen Philosophie in Japan*, Darmstadt, Wissenschaftliche Buchgesellschaft, 1999, 310 p. (trad. Rolf Elberfeld).

NISHIDA Kitarō, *Logique du lieu et vision religieuse du monde*, Bordeaux, Osiris, 1999, 92 p. (trad. Sugimura Yasuhiko et Sylvain Cardonnel).

NISHIDA Kitarō, « Logique du lieu et vision religieuse du monde. Chapitre II » : *Revue Philosophique de Louvain* 97 (1999, n° 1) 96-112 (trad. Sugimura Yasuhiko et Sylvain Cardonnel).

NISHIDA Kitarō, « Logique prédicative » : *Revue Philosophique de Louvain* 97 (1999, n° 1) 59-95 (trad. Jacynthe Tremblay).

NISHIDA Kitarō, « Ort », dans NISHIDA Kitarō, *Logik des Ortes. Der Anfang der modernen Philosophie in Japan*, Darmstadt,

Wissenschaftliche Buchgesellschaft, 1999, 310 p. ; p. 72-139 (trad. Rolf Elberfeld).

NISHIDA Kitarō, « Ortlogic und religiöse Weltanschauung », dans NISHIDA Kitarō, *Logik des Ortes. Der Anfang der modernen Philosophie in Japan*, Darmstadt, Wissenschaftliche Buchgesellschaft, 1999, 310 p. ; p. 204-84 (trad. Rolf Elberfeld).

NISHIDA Kitarō, « Une étude sur le bien » : *Revue Philosophique de Louvain* 97 (1999, n° 1) 19-29 (trad. Bernard Stevens).

NISHIDA Kitarō, « À propos de ma logique », dans Augustin BERQUE (dir.), *Logique du lieu et dépassement de la modernité*, vol. 1 : *Nishida : la mouvance philosophique*, Bruxelles, Ousia, 2000, 390 p. ; p. 243-4 (trad. Frédéric Girard).

NISHIDA Kitarō, « Logique prédicative », dans Jacynthe TREMBLAY, *Nishida Kitarō. Le Jeu de l'individuel et de l'universel*, Paris, CNRS Éditions, 2000, 334 p. ; p. 159-88 (trad. Jacynthe Tremblay).

NISHIDA Kitarō, « Le monde intelligible », dans Jacynthe TREMBLAY, *Nishida Kitarō. Le Jeu de l'individuel et de l'universel*, Paris, CNRS Éditions, 2000, 334 p. ; p. 189-228 (trad. Jacynthe Tremblay).

NISHIDA Kitarō, « La position de l'individuel dans le monde historique », dans Jacynthe TREMBLAY, *Nishida Kitarō. Le Jeu de l'individuel et de l'universel*, Paris, CNRS Éditions, 2000, 334 p. ; p. 229-74 (trad. Jacynthe Tremblay).

NISHIDA Kitarō, « Shinran le pauvre d'esprit à demi tonsuré », dans Augustin BERQUE (dir.), *Logique du lieu et dépassement de la modernité*, vol. 1 : *Nishida : la mouvance philosophique*, Bruxelles, Ousia, 2000, 390 p. ; p. 237-43 (trad. Frédéric Girard).

NISHIDA Kitarō, « Appendice al "Saggio sulla filosofia di Cartesio" », dans NISHIDA Kitarō, *Il Corpo e la conoscienza. L'Intuizione attiva e l'eredità di Cartesio*, Venezia, Cafoscarina, 2001, 119 p. ; p. 101-16 (trad. Matteo Cestari).

NISHIDA Kitarō, *Il Corpo e la conoscienza. L'Intuizione attiva e l'eredità di Cartesio*, Venezia, Cafoscarina, 2001, 119 p. (trad. Matteo Cestari).

NISHIDA Kitarō, « L'intuizione attiva », dans NISHIDA Kitarō, *Il Corpo e la conoscienza. L'Intuizione attiva e l'eredità di Cartesio*, Venezia, Cafoscarina, 2001, 119 p. ; p. 30-64 (trad. Matteo Cestari).

NISHIDA Kitarō, « Saggio sulla filosofia di Cartesio », dans NISHIDA Kitarō, *Il Corpo e la conoscienza. L'Intuizione attiva e l'eredità di Cartesio*, Venezia, Cafoscarina, 2001, 119 p. ; p. 65-99 (trad. Matteo Cestari).

NISHIDA Kitarō, « Nishida und die Politik, erster Teil und zweiter Teil » : *Japonica Humboldtiana* 5 (2001) 205-50 ; 6 (2002) 183-249 (trad. Klaus Kracht).

NISHIDA Kitarō, « A New Year's Lecture to the Emperor. On the Philosophy of History », dans YUSA Michiko, *Zen and Philosophy. An Intellectual Biography of Nishida Kitarō*, Honolulu, University of Hawaii Press, 2002, 482 p. ; p. 314-8 (trad. Yusa Michiko).

NISHIDA Kitarō, « A Retirement Speech of a Professor », dans YUSA Michiko, *Zen and Philosophy. An Intellectual Biography of Nishida Kitarō*, Honolulu, University of Hawaii Press, 2002, 482 p. ; p. 224-6 (trad. Yusa Michiko).

NISHIDA Kitarō, « Even the Cat is Dead », dans YUSA Michiko, *Zen and Philosophy. An Intellectual Biography of Nishida Kitarō*, Honolulu, University of Hawaii Press, 2002, 482 p. ; p. 246-7 (trad. Yusa Michiko).

NISHIDA Kitarō, « In Memory of My Deceased Child », dans YUSA Michiko, *Zen and Philosophy. An Intellectual Biography of Nishida Kitarō*, Honolulu, University of Hawaii Press, 2002, 482 p. ; p. 90-5 (trad. Yusa Michiko).

NISHIDA Kitarō, « In Memory of My Eldeest Daughter, Ueda Yayoi », dans YUSA Michiko, *Zen and Philosophy. An Intellectual Biography of Nishida Kitarō*, Honolulu, University of Hawaii Press, 2002, 482 p. ; p. 332-5 (trad. Yusa Michiko).

NISHIDA Kitarō, *Le lieu*, Osiris, 2002 (trad. Kobayashi Reiko).

NISHIDA Kitarō, « The Limited Status Program at the College of Humanities at the Imperial University around 1891-1892 », dans YUSA Michiko, *Zen and Philosophy. An Intellectual Biography of*

*Nishida Kitarō*, Honolulu, University of Hawaii Press, 2002, 482 p. ; p. 41-4 (trad. Yusa Michiko).

NISHIDA Kitarō, « My Philosophical Path », dans YUSA Michiko, *Zen and Philosophy. An Intellectual Biography of Nishida Kitarō*, Honolulu, University of Hawaii Press, 2002, 482 p. ; p. 301-4 (trad. Yusa Michiko).

NISHIDA Kitarō, « Nishida Kitarō. "Die verschiedenen Welten" (1917) », dans *Herausgeberkollektiv. Beiträge zur Japanforschung. Festgabe für Peter Pantzer zu seinem sechzigsten Geburtstag*, Bonn, Bier'sche Verlagsanstalt, 2002, p. 319-38 (trad. Ch. Steineck).

NISHIDA Kitarō, « On the Scholarly Method. A Public Talk at Hibiya Park », dans YUSA Michiko, *Zen and Philosophy. An Intellectual Biography of Nishida Kitarō*, Honolulu, University of Hawaii Press, 2002, 482 p. ; p. 271-7 (trad. Yusa Michiko).

NISHIDA Kitarō, « Amour de soi, amour de l'autre et dialectique », dans NISHIDA Kitarō, *L'Éveil à soi*, Paris, CNRS Éditions, 2003, 298 p. ; p. 71-93 (trad. Jacynthe Tremblay).

NISHIDA Kitarō, « À propos de la philosophie de Descartes », dans NISHIDA Kitarō, *L'Éveil à soi*, Paris, CNRS Éditions, 2003, 298 p. ; p. 251-82 (trad. Jacynthe Tremblay).

NISHIDA Kitarō, « À propos de l'éveil à soi », dans NISHIDA Kitarō, *L'Éveil à soi*, Paris, CNRS Éditions, 2003, 298 p. ; p. 193-249 (trad. Jacynthe Tremblay).

NISHIDA Kitarō, « L'auto-identité absolument contradictoire », dans NISHIDA Kitarō, *L'Éveil à soi*, Paris, CNRS Éditions, 2003, 298 p. ; p. 145-92 (trad. Jacynthe Tremblay).

NISHIDA Kitarō, « Compréhension logique et compréhension mathématique » : *Ebisu* (2003, n° 31) 115-21 (trad. Michel Dalissier et Ibaragi Daisuke).

NISHIDA Kitarō, *L'Éveil à soi*, Paris, CNRS Éditions, 2003, 298 p. (trad. Jacynthe Tremblay).

NISHIDA Kitarō, « Je et tu », dans NISHIDA Kitarō, *L'Éveil à soi*, Paris, CNRS Éditions, 2003, 298 p. ; p. 95-144 (trad. Jacynthe Tremblay).

NISHIDA Kitarō, « On the Role of Religion » : *The Eastern Buddhist* 25 (2003, n° 1) 229-39 (trad. Gereon Kopf).

NISHIDA Kitarō, « Le temporel et l'intemporel », dans NISHIDA Kitarō, *L'Éveil à soi*, Paris, CNRS Éditions, 2003, 298 p. ; p. 55-70 (trad. Jacynthe Tremblay).

NISHIDA Kitarō, « Nishida Kitarō. Das Problem der japanischen Kultur » : *Polylog* 11 (2004) 73-80 (trad. Rolf Elberfeld).

NISHIDA Kitarō, « Nishida Kitarō. Wissenschaftliche Methodik » : *Polylog* 11 (2004) 67-72 (trad. Rolf Elberfeld).

NISHIDA Kitarō, « General Summary of the System of Self-Consciousness of the Universal », dans Robert Joseph WARGO, *The Logic of Nothingness. A Study of Nishida Kitaro*, Honolulu, University of Hawaii Press, 2005, 241 p. ; p. 186-216 (trad. Robert Joseph Wargo).

NISHIDA Kitarō, *La logica de lugo e la visione religiosa del mondo*, Palermo, L'Epos, 2005 (trad. Tiziano Tosolini).

NISHIDA Kitarō, « Nishida Kitarō and coincidentia oppositorum », dans H. SCHWAETZER et H. STAHL (éd.), *Cusanus-Rezeption in der Philosophie des 20. Jahrhunderts, Philosophie interdisziplinär*, vol. 13, Regensburg, S. Roderer Verlag, 2005, p. 211-25 (trad. Yusa Michiko).

NISHIDA Kitarō, *O cercetare asupra binelui*, Brasov, Editura Orientul, Latin, 2005, 246 p. (trad. Nicole Maris et Mircea Itu).

### *2 - Littérature secondaire*

ABE Masao, « Philosophy, Religion, and Aesthetics in Nishida and Whitehead » : *The Eastern Buddhist* 20 (1987, n° 2) 53-62.

ABE Masao, « Nishida's Philosophy of "Place" » : *International Philosophical Quarterly* 28 (1988, n° 4) 355-71.

ABE Masao, « "Inverse Correspondence" in the Philosophy of Nishida : The Emergence of the Notion » : *International Philosophical Quarterly* 32 (1992, n° 3) 325-44.

ABE Masao, « The Logic of Absolute Nothingness as Expounded by Nishida Kitarō » : *The Eastern Buddhist* 28 (1995, n° 2) 167-74.

ABE Masao, « The Problem of "Inverse Correspondence" in the Philosophy of Nishida : Toward a Critical Understanding » : *International Philosophical Quarterly* 35 (déc. 1995) 420-36.

ABE Masao, « The problem of "Inverse Correspondence" in the Philosophy of Nishida : Comparing Nishida with Tanabe » : *International Philosophical Quarterly* 39 (1999, n° 1) 59-76.

ABE Masao et BRÜLL Lydia, « Kitarō Nishida Bibliography » : *International Philosophical Quarterly* 28 (1988, n° 4) 373-81.

ABE Shinobu, « Modern Sports and the Eastern Tradition of Physical Culture : Emphasizing Nishida's Theory of the Body » : *Journal of the Philosophy of Sport* 14 (1987) 44-7.

ALLIOUX Yves-Marie (dir.), *Cent ans de pensée au Japon*, tome 2, Mas Le Vert, Éditions Philippe Picquier, 1996, 387 p.

ANDOLFATO Renato, « La determinazione autocosciente del nulla di Nishida Kitaro » : *Semplegadi* 1 (1996, n° 1) 6-20.

ANDOLFATO Renato, « Il concetto di "azione della coscienza quale autodeterminazione del luogo" nella filosofia di Nishida Kitaro » : *Simplegadi* 7 (2002, n° 19) 3-32.

ARAKI Tōru, « Le statut du sujet en japonais et la logique du lieu », dans Augustin BERQUE et Philippe NYS (dir.), *Logique du lieu et œuvre humaine*, Bruxelles, Ousia, 1997, 276 p. ; p. 213-28.

ARAKI Tōru, « La logique du lieu et la langue japonaise », dans Augustin BERQUE (dir.), *Logique du lieu et dépassement de la modernité*, vol. 2 : *Du lieu nishidien vers d'autres mondes*, Bruxelles, Ousia, 2000, 294 p. ; p. 139-54.

ARISAKA Yōko, « Experiential Ontology. The Origins of the Nishida Philosophy in the Doctrine of Pure Experience » : *International Philosophical Quarterly* 30 (1990, n° 2) 173-205.

ARISAKA Yōko, « The Nishida Enigma. The Principe of New World Order » : *Monumenta Nipponica* 51 (1996, n° 1) 81-99.

ARISAKA Yōko, « Beyond "East and West" : Nishida's Universalism and Postcolonial Critic » : *The Review of Politics* 59 (1997, n° 3) 541-60.

ARISAKA Yōko, « Beyond "East and West" : Nishida's Universalism and Postcolonial Critic », dans Fred R. DALLMAYR (éd.), *Border Crossings. Toward a Comparative Political Theory*, New York, Lexington Books, 1999.

ARISAKA Yōko, « Nishida Kitaro », dans Robert L. ARRINGTON (éd.), *A Companion to the Philosophers*, Malden, Blackwell, 1999, 696 p. ; p. 652-5.

ARISAKA Yōko, « System and Existence. Nishida's Logic of Place », dans Augustin BERQUE (dir.), *Logique du lieu et dépassement de la modernité*, vol. 1 : *Nishida : la mouvance philosophique*, Bruxelles, Ousia, 2000, 390 p. ; p. 41-65.

ARISAKA Yōko, « The Ontological Co-Emergence of "Self and Other" in Japanese Philosophy » : *The Journal of Consciousness Studies* 8 (2001, n° 5-7) 197-208.

ARISAKA Yōko, « The Contribution of Overseas Japanese », dans James W. HEISIG (éd.), *Japanese Philosophy Abroad*, Nagoya, Nanzan Institute for Religion and Culture, 2004, 304 p. ; p. 84-97.

ARISAKA Yōko et FEENBERG Andrew, « Experiential Ontology. The Origins of the Nishida Philosophy in the Doctrine of Pure Experience » : *International Philosophical Quarterly* 30 (1990, n° 2) 173-205.

ASARI Makoto, « La logique du *Basho* de Nishida et les particules », dans *Japon Pluriel 3, Actes du troisième colloque de la Société française des études japonaises*, Mas le Vert, Éditions Philippe Picquier, 1999, p. 211-8.

AXTELL G. S., « Comparative Dialectics. Nishida Kitarō's Logic of Place and Western Dialectical Thought » : *Philosophy East and West* 41 (1991, n° 2) 161-84.

BASTIEN Stéphane, « Expérience et vacuité . Nishida Kitarō, lecteur de William James » : *De Philosophia* 16 (2000, n° 1) 61-76.

BERQUE Augustin, « Le monde est-il notre langage ? Médiance et logique du lieu chez Watsuji et Nishida », dans *Japon pluriel. Actes du premier colloque de la Société française des études japonaises*, Mas le Vert, Éditions Philippe Picquier, 1995, 468 p. ; p. 293-303.

BERQUE Augustin, « Logique du lieu et génie du lieu », dans Augustin BERQUE et Philippe NYS (dir.), *Logique du lieu et œuvre humaine*, Bruxelles, Ousia, 1997, 276 p. ; p. 189-212.

BERQUE Augustin, « *Basho, chōra, tjukurrpa*, ou le poème du monde », dans Augustin BERQUE (dir.), *Logique du lieu et dépassement de la modernité*, vol. 2 : *Du lieu nishidien vers d'autres mondes*, Bruxelles, Ousia, 2000, 294 p. ; p. 274-92.

BERQUE Augustin, *Écoumène. Introduction à l'étude des milieux humains*, Paris, Belin, 2000, 272 p.

BERQUE Augustin, « Du prédicat sans base. Entre *mundus* et *babburu*, la modernité », dans Livia MONNET (dir.), *Approches critiques de la pensée japonaise du XX^e^ siècle*, Montréal, Presses de l'Université de Montréal, 2001, 570 p. ; p. 53-61.

BERQUE Augustin, « La logique du lieu dépasse-t-elle la modernité ? », dans Livia MONNET (dir.), *Approches critiques de la pensée japonaise du XX^e^ siècle*, Montréal, Presses de l'Université de Montréal, 2001, 570 p. ; p. 41-51.

BERQUE Augustin et NYS Philippe (dir.), *Logique du lieu et œuvre humaine*, Bruxelles, Ousia, 1997, 276 p.

BERQUE Augustin (dir.), *Logique du lieu et dépassement de la modernité*, vol. 1 : *Nishida : la mouvance philosophique*, Bruxelles, Ousia, 2000, 390 p.

BERQUE Augustin (dir.), *Logique du lieu et dépassement de la modernité*, vol. 2 : *Du lieu nishidien vers d'autres mondes*, Bruxelles, Ousia, 2000, 294 p.

BIAN Chong-dao, SUZUKI Tadashi et al. (éd.), *Ten Modern Japanese Philosophers* (en chinois), Shanghai, Shanghai Renmin Chubanshe, 1989.

BIAN Chong-dao et KATO Hisatake (éd.), *Contemporary Japanese Philosophers* (en chinois), Beijing, Shehui Kexue Wenxian Chubanshe, 1992.

BLOCKER H. Gene et STARLING Christopher L., *Japanese Philosophy*, Albany, SUNY Press, 2001, 213 p.

BLOSSER Philip, « The Question of Being in Recent Japanese Phenomenology » : *Research in Phenomenology* 14 (1984) 281-6.

BOTZ-BORNSTEIN Thorsten, « Nishida and Wittgenstein. From "Pure Experience" to Lebensform or New Perspectives for a Philosophy of Intercultural Communication » : *Asian Philosophy* 13 (2003, n° 1) 53-70.

BOTZ-BORNSTEIN Thorsten, « The "I" and the "Thou" : A Dialogue between Nishida Kitaro and Mikhail Bakhtin » : *Japan Review* 16 (2004) 259-84.

BOUDERLIQUE Joël, « Mise-à-jour des vues francophones sur la philosophie de Nishida », dans Joël BOUDERLIQUE et KAWANABE Yasuaki (dir.), *Étapes normatives de la pensée japonaise moderne*, Tōkyō, Surugadai-shuppansha, 2002, 195 p. ; p. 141-59.

BOUDERLIQUE Joël et KAWANABE Yasuaki (dir.), *Étapes normatives de la pensée japonaise moderne*, Tōkyō, Surugadai-shuppansha, 2002, 195 p.

BOUSO Raquel, « La filosofía japonesa en Espana », dans James W. HEISIG (éd.), *Japanese Philosophy Abroad*, Nagoya, Nanzan Institute for Religion and Culture, 2004, 304 p. ; p. 98-113.

BOUTRY-STADELMANN Britta, « Quelques notions clés de la pensée de Nishida et leur impact sur le "Dépassement de la modernité" », dans Augustin BERQUE (dir.), *Logique du lieu et dépassement de la modernité*, vol. 1 : *Nishida : la mouvance philosophique*, Bruxelles, Ousia, 2000, 390 p. ; p. 23-40.

BRÜLL Lydia, *Die japanische Philosophie. Eine Einführung*, Darmstadt, Wissenschaftliche Buchgesellschaft, 1993, 214 p.

CALLAWAY Tucker N., « Nishida's Philosophy of Nothingness » : *The Japan Christian Quarterly*, 1961, p. 124-7.

CALICHMAN Richard F. (éd.), *Contemporary Japanese Thought*, New York, Columbia University Press, 2005, 309 p.

CARTER Robert E., « Toward a Philosophy of Zen Buddhism. Prolegomena to an Understanding of Zen Experience and Nishida's "Logic of Place" » : *The Eastern Buddhist* 13 (1980, n° 2) 127-30.

CARTER Robert E., *The Nothingness Beyond God. An Introduction to the Philosophy of Nishida Kitarō*, New York, Paragon House, 1989, 191 p.

CARTER Robert E., *God, the Self and Nothingness. Reflections : Eastern and Western*, St. Paul, Paragon House, 1990, 291 p.

CESTARI Matteo, « Il concetto di autoidentità contradditoria (*mujunteki jikodō itsu*) nel pensiero di Nishida Kitarō (1870-1945) », dans *Atti del XVIII Convegno Aistugia*, Venezia, Aistugia, 1994, p. 65-84.

CESTARI Matteo, « Storicità e corporeità del conoscere. Nishida Kitarō e l'intuizione attiva (*kōiteki chokkan*) », dans *Atti del XIX Convegno Aistugia*, Venezia, Aistugia, 1995, p. 63-91.

CESTARI Matteo, « Nota biobibliografica su Nishida Kitaro. Introduzione al pensiero di Nishida Kitaro », dans Giancarlo VIANELLO et Matteo CESTARI (éd.), *La Scuola di Kyoto*, Rubettino, 1996, p. 67-104.

CESTARI Matteo, « Il Nulla e la coscienza. Il concetto di "luogo" (*basho*) nella filosofia di Nishida », dans *Humanisms Facing Each Other, Atti del III Kyoto-Siena Symposium, Sezione « Literature, Arts and Humanities »*, Edizioni Cadmo, 1996, p. 77-105.

CESTARI Matteo, « The Knowing Body. Nishida's Philosophy of Active Intuition (*kōiteki chokkan*) » : *The Eastern Buddhist* 31 (1998, n° 2) 179-208.

CESTARI Matteo, « The Kyōto School and the Problem of Negative. The Japanese Way of Overcoming Modernity ? » : *Bulletin of the EAJS* (1998, n° 47) 30-4.

CESTARI Matteo, *Nishida Kitaro ovvero la complessità del conoscere*, Venice, Cafoscarina, 2001, p. 7-27.

CESTARI Matteo, « Shinran i filosofi giapponesi contemporanei », dans *Atti del XXVI Convegno Aistugia*, Venezia, Aistugia, 2002, p. 95-108.

CESTARI Matteo, « The Problem of Aesthetics in Nishida Kitarō », dans *Proceedings of the Association for Japanese Literary Studies* (2004).

CESTARI Matteo, « Gli studi di religioni e filosofie giapponesi in Italia », dans James W. HEISIG (éd.), *Japanese Philosophy Abroad*, Nagoya, Nanzan Institute for Religion and Culture, 2004, 304 p. ; p. 122-47.

CHEUNG Ching-yuen, « Japanese Philosophy in Chinese-Speaking Regions », dans James W. HEISIG (éd.), *Japanese Philosophy Abroad*, Nagoya, Nanzan Institute for Religion and Culture, 2004, 304 p. ; p. 200-19.

CHEUNG Ching-yuen, « Nishida Kitarō's Phenomenological Philosophy » (en chinois) : *Journal of Phenomenology and the Human Sciences* (Hong Kong, Research Centre for Phenomenology and the Human Sciences).

CLAVEL Juan Masia, « Kitaro Nishida y su filosofia de la religion. Un pensador japones en la encrucijada entre oriente y occidente » : *Miscelanea Comillas. Revista de Theologia y Ciencias Humanas* 48 (1990, n° 93) 427-40.

CLAVEL Juan Masia, « Filosofia del absoluto en K. Nishida », dans Jose Gomez CAFFARENA et Jose MARDONES (dir.), *Cuestiones epistemológicas. Materiales para el estudio de la religion*, vol. 1, Barcelona/Madrid, 1993, p. 137-47.

DALISSIER Michel, « The Idea of the Mirror in Dōgen and Nishida », dans James W. HEISIG (éd.), *Frontiers of Japanese Philosophy*, Nagoya, Nanzan Institute for Religion and Culture, 2006, 313 p.; 99-142.

DAVIS Bret W., « Introducing the Kyoto School as World Philosophy. Reflections on James W. Heisig's *Philosophers of Nothingness* » : *The Eastern Buddhist* 34 (2002, n° 2) 142-70.

DAVIS Bret W., « Provocative Ambivalences in Japanese Philosophy of Religion. With a Focus on Nishida and Zen », dans James W. HEISIG (éd.), *Japanese Philosophy Abroad*, Nagoya, Nanzan Institute for Religion and Culture, 2004, 304 p. ; p. 246-74.

DAVIS Bret W., « Toward a World of Worlds. Nishida, The Kyōto School, and the Place of Cross-Cultural Dialogue », dans James W. HEISIG (éd.), *Frontiers of Japanese Philosophy*, Nagoya, Nanzan Institute for Religion and Culture, 2006, 313 p.; 205-245.

DEMMEL Maximiliane, *Der Begriff der reinen Erfahrung bei Nishida Kitaro und William James*, Meidenbauer, 2004, 344 p.

DILWORTH David A., « The Initial Formations of "Pure Experience" in Nishida Kitarō and William James » : *Monumenta Nipponica* 24 (1969, n° 1-2) 93-111.

DILWORTH David A., « The Range of Nishida's Early Religious Thought. Zen no Kenkyū » : *Philosophy East and West* 19 (1969, n° 4) 409-21.

DILWORTH David A., « Nishida's early Pantheistic Voluntarism » : *Philosophy East and West* 20 (1970, n° 1) 35-49.

DILWORTH David A., « Nishida's Final Essay. The Logic of Place and a Religious World-view » : *Philosophy East and West* 20 (1970, n° 4) 355-68.

DILWORTH David A., « Nishida Kitarō. Nothingness as the Negative Space of Experiential Immediacy » : *International Philosophical Quarterly* 13 (1973, n° 4) 463-83.

DILWORTH David A., « The Phenomenology and Logic of Interpresence in Watsuji Tetsurō and Nishida Kitarō », dans *Studies on Japanese Culture*, vol. 2, Tōkyō, The Japan P.E.N. Club, 1973, 602 p. ; p. 112-21.

DILWORTH David A., VIGLIELMO Valdo H. et JACINTO ZAVALA Agustin (éd.), *Sourcebook of Modern Japanese Philosophy. Selected Documents*, Westport, Greenwood Press, 1998, 420 p.

ELBERFELD ROLF, « Zu Kitaro Nishida „Zen no kenkyu“ (Über das Gute). Übersetzung der Vorworte und Bemerkungen zur deutschen Ausgabe » : *Philosophisches Jahrbuch* 99 (1992, n° 1) 123-9.

ELBERFELD Rolf, « “Lieu”. Nishida, Nishitani et Derrida » : *Revue Philosophique de Louvain* 92 (1994, n° 4) 474-94.

ELBERFELD Rolf, « Nishida als Denker der Interkulturlität », dans Dorothea LÜDDECKENS (éd.), *Begegnung von Kulturen und Religionen, Festschrift für Norbert Klaes*, Dettelbach, J. H. Roll, 1998, 346 p.

ELBERFELD Rolf, *Kitaro Nishida (1870-1945). Das Verstehen der Kulturen. Moderne japanische Philosophie und die Frage nach der Interkulturalität*, Amsterdam-Atlanta, Rodopi, 1999, 314 p.

ELBERFELD Rolf, « Nouvel ordre du monde, lieu et monde mondial chez Nishida », dans Augustin BERQUE (dir.), *Logique du lieu et dépassement de la modernité*, vol. 1 : *Nishida : la mouvance philosophique*, Bruxelles, Ousia, 2000, 390 p. ; p. 142-59.

ELBERFELD Rolf, « Japanische Philosophie in deutscher Sprache », dans James W. HEISIG (éd.), *Japanese Philosophy Abroad*, Nagoya, Nanzan Institute for Religion and Culture, 2004, 304 p. ; p. 155-71.

ELBERFELD Rolf, « Philosophie in Japan – Japanische Philosophie. Perspektiven der Philosophiegeschichtsschreibung im 20. Jahrhundert » : *Polylog. Zeitschrift für interkulturelles Philosophieren* 10 (2004, n° 11) 51-66.

ELWOOD Brian D., « The Problem of the Self in the Later Nishida and in Sartre » : *Philosophy East and West* 44 (1994, n° 2) 303-16.

FAURE Bernard, « The Kyoto School and Reverse Orientalism », dans Steven HEINE et Charles WEI-HSUN FU (éd.), *Japan in traditional and postmodern Perspective*, Albany, SUNY Press, 1995, 334 p. ; p. 245-81.

FEENBERG Andrew, « The Problem of Modernity in the Philosophy of Nishida », dans James W. HEISIG et John C. MARALDO (éd.), *Rude Awakenings. Zen, the Kyō to School and the Question of Nationalism*, Honolulu, University of Hawaii Press, 1995, 381 p. ; p. 151-73.

FEENBERG Andrew, « Le problème de la modernité dans la philosophie de Nishida », dans Augustin BERQUE et Philippe NYS (dir.), *Logique du lieu et œuvre humaine*, Bruxelles, Ousia, 1997, 276 p. ; p. 35-52.

FEENBERG Andrew, « Experience and Culture. Nishida's Path "To the Things Themselves" » : *Philosophy East and West* 49 (1999, n° 1) 28-44.

FEENBERG Andrew, « Le cheminement de Nishida vers les choses elles-mêmes », dans Augustin BERQUE (dir.), *Logique du lieu et dépassement de la modernité*, vol. 1 : *Nishida : la mouvance philosophique*, Bruxelles, Ousia, 2000, 390 p. ; p. 66-86.

FRANCK Frederick, *The Buddha Eye. An Anthology of the Kyoto School*, New York, Crossroad, 1991, 235 p.

FUJITA Masakatsu, « Questions Posed by Nishida's Philosophy » : *Zen Buddhism Today* 15 (1998) 51-64.

FUJITA Masakatsu, « Kiyozawa Manshi and Nishida Kitarō » : *The Eastern Buddhist* 35 (2003, n° 1-2) 42-56.

FUJITA Masakatsu, « Questions posed by Nishida's Philosophy » : *Synthesis Philosophica* 19 (2004, n° 1) 7-17.

GHILHARDI M., « Eterotopie culturali in Nishida Kitarō e Mou Zongsan » : *Simplegadi* 16 (2005, n° 26).

GIRARD Frédéric, « En quel sens peut-on parler de philosophie au Japon ? » : *Cipango, Cahiers d'Études Japonaises* (1993, n° 2) 115-23.

GIRARD Frédéric, « La philosophie au Japon », dans *Encyclopédie philosophique universelle*, vol. IV, *Le Discours philosophique*, Paris, Presses Universitaires de France, 1996, p. 594-617.

GIRARD Frédéric, « Logique du lieu et expérience unitive de l'absolu. Nishida lecteur du Buddha ? », dans Augustin BERQUE (dir.), *Logique du lieu et dépassement de la modernité*, vol. 1 : *Nishida : la mouvance philosophique*, Bruxelles, Ousia, 2000, 390 p. ; p. 217-62.

GIRARD Frédéric, « État des études sur la pensée japonaise en France », dans James W. HEISIG (éd.), *Japanese Philosophy*

*Abroad*, Nagoya, Nanzan Institute for Religion and Culture, 2004, 304 p. ; p. 1-29.

GOTO-JONES Christopher S., « Lost Tradition. Nishida Kitaro, Henri Bergson and Intuition in Political Philosophy » : *Social Science Japan Journal* 5 (2002, n° 1) 55-70.

GOTO-JONES Christopher S., « Ethics and Politics in the Early Nishida. Reconsidering Zen no Kenkyu » : *Philosophy East and West* 53 (2003, n° 4) 514-36.

GOTO-JONES Christopher S., *Political Philosophy in Japan. Nishida, the Kyoto-School and Co-Prosperity*, London/New York, Routledge, 2005, 192 p.

GOTO-JONES Christopher S., « Transcending Boundaries. Nishida Kitaro, K'ang Yu-Wei, and the Politics of Unity » : *Modern Asian Studies* 39 (octobre 2005) 793-816.

GRAUPE Silia, *Der Ort ökonomischen Denkens, Die Methodologie der Wirtschaftswissenschaften im Licht japanischer Philosophie*, Ontos, Frankfurt/Main, 2005.

GRAUPE Silja, « The Locus of Science and its Place in Japanese Culture. Nishida on the Relationship of Science and Culture », dans James W. HEISIG (éd.), *Frontiers of Japanese Philosophy*, Nagoya, Nanzan Institute for Religion and Culture, 2006, 313 p.; 69-98.

GRAY Wallace, « Mu and Pneuma. A Projective Comparison of Kitarō Nishida and Nels Ferre » : *Asian Profile* 1 (1973, n° 1) 171-84.

GRAY Wallace, « Philosophy in global Perspective » : *Philosophical Research Analysis* 5 (été 1974) 6-10.

GRAY Wallace, « The Shock of the Universal » : *Asian Profile* 2 (1974, n° 2) 219-55.

GÜLBERG N., « Nishidas "Logik und Leben" (1) » : *Humanitas* (2000, n° 38) 1-84.

GÜLBERG N., « Nishidas "Logik und Leben" (2) » : *Humanitas* (2001, n° 39) 23-88.

HAMADA Junko, *Japanische Philosophie nach 1868*, Leiden, E. J. Brill, 1994, 188 p.

HANTKE Myriam-Sonja, *F. W. J. Schellings Identitätsphilosophie im Horizont der Kyōto-Schule*, München, Iudicium, 2005, 141 p.

HASHI Hisaki, *Die Aktualität der Philosophie, Grundriß des Denkweges der Kyoto-Schule*, Wien, Doppelpunkt, 1999.

HATTORI Kenji, « Die Linken der Kyoto-Schule und ihre Rezeptionsweise des Marxismus » : *Synthesis-Philosophica* 19 (2004, n° 1) 129-37.

HATTORI Kenji, « The Step Leftists in the Kyoto-School and their Reception of Marxism » (en serbo-croate) : *Filozofska-Istrazivanja* 96 (2005, n° 1) 113-20.

HAVER William, « Thinking the Thought of that which is Strictly Speaking Unthinkable. On the Thematization of Alterity in Nishida-Philosophy » : *Human Studies* 16 (1993, n° 1-2) 177-92.

HEISE Jens et PÖRTNER Peter, *Die Philosophie Japans. Von den Anfängen bis zur Gegenwart*, Stuttgart, Alfred Kröner Verlag, 1995.

HEISIG James W., « The Religious Philosophy of the Kyōto School », dans UNNO Taitetsu et James W. HEISIG (éd.), *The Religious Philosophy of Tanabe Hajime*, Berkeley, California, 1990, 399 p. ; p. 12-45.

HEISIG James W., « The Religious Philosophy of the Kyōto School. An Overview » : *Japanese Journal of Religious Studies* 17 (1990, n° 1) 51-81.

HEISIG James W., « The Kyoto School », dans Edward CRAIG (éd.), *Routledge Encyclopedia of Philosophy*, v. 5, London, Routledge, 1998, p. 323-30.

HEISIG James W., « Philosophy as Spirituality. The Way of the Kyoto School », dans TAKEUCHI Yoshinori (éd.), *Buddhist Spirituality*, vol. 2 : *Later China, Korea, Japan and the Modern World*, New York, Crossroad, 1999, 550 p. ; p. 367-88.

HEISIG James W., « Non-I and Thou. Nishida, Buber, and the Moral Consequences of Self-Actualization » : *Philosophy East and West* 50 (2000, n° 2) 179-207.

HEISIG James W., *Philosophers of Nothingness*, Hawaii, University of Hawaii Press, 2001, 380 p.

HEISIG James W., *Filosofos de la nada. Un ensayo sobre la Escuela de Kioto*, Barcelona, Herder, 2002, 464 p.

HEISIG James W., *Şcoala filosofică de la Kyoto. Nishida Kitarō, Tanabe Hajime, Nishitani Keiji*, Editura Merc Serv, 2003, 396 p.

HEISIG James W., « Nishida's Medieval Bent » : *Japanese Journal of Religious Studies* 31 (2004, n° 1) 5-72.

HEISIG James W., « The Place of Japanese Philosophy » : *Japan Studies Review* 8 (2004) 97-110.

HEISIG James W., *Les Philosophes du néant* (trad. Jacynthe Tremblay, Bernard Stevens and Sylvain Isaac) (à paraître 2007).

HEISIG James W. et MARALDO John C. (éd.), *Rude Awakenings. Zen, the Kyōto School, and the Question of Nationalism*, Honolulu, University of Hawaii Press, 1995, 381 p.

HEISIG James W. (éd.), *Japanese Philosophy Abroad*, Nagoya, Nanzan Institute for Religion and Culture, 2004, 304 p.

HEISIG James W. (éd.), *Frontiers of Japanese Philosophy*, Nagoya, Nanzan Institute for Religion and Culture, 2006, 313 p.

HIROMICHI Takeda, « Nishida's Doctrine of "Universals" » : *Monumenta Nipponica* 23 (n° 3-4) 497-502.

HIROTA Dennis, « Nishida's "Gutoku Shinran" » : *The Eastern Buddhist* 28 (1995, n° 2) 231-44.

HORIO Tsutomu, « Gyakutaiō and Gyakuen, Nishida's Philosophy, Nishitani's Philosophy and Zen » : *Zen Buddhism Today* 15 (1998) 155-68.

HORO Atsuhiko, « Kyōto School Philosophy. A Call for a Paradigm Shift in Philosophical Thought » : *Bulletin of the Nanzan Institute for Religion and Culture* 16 (1992) 15-32.

HUANG Wen-hong, « The Religious Philosophy of Nishida Kitarō » (en chinois), dans LI Ming-hui et CHEN Wei-fen (éd.), *Modern Confucianism and East Asian Civilization. Developments in different Areas*, Taipei, Zhongyang Yanjiuyuan Zhongguo Wenzhe Yanjiusuo, 2002, 427-49.

HUH Woo-Sung, « The Philosophy of History in the "later" Nishida. A Philosophic Turn » : *Philosophy East and West* 40 (1990, n° 3) 343-74.

ISAAC Sylvain, « *Basho* et individu chez Nishida » : *Philosophie* (2003, n° 79) 43-61.

ISHIGURO Hide, « Points of View, Places and Individuals » : *Acta Philosophica Fennica* 61 (1996) 13-21.

IVES Christopher, « Ethical Pitfalls in Imperial Zen and Nishida Philosophy. Ichikawa Hakugen's Critique », dans James W. HEISIG et John C. MARALDO (éd.), *Rude Awakenings. Zen, the Kyoto School and the Question of Nationalism*, Honolulu, University of Hawaii Press, 1995, 381 p. ; p. 16-39.

IWAKI Ken'ichi, « Nishida Kitarō and Art », dans Michele MARRA (éd.), *A History of Modern Japanese Aesthetics*, Honolulu, University of Hawaii Press, 2001, 398 p. ; p. 259-84.

IWASAKI Takeo, « Contemporary Japanese Moral Philosophy » : *Philosophy East and West* 6 (1956, n° 1) 69-76.

JACINTO ZAVALA Agustin, *Filosofia de la Transformacion del Mundo*, Zamora, El Colegio de Michoacan, 1989, 419 p.

JACINTO ZAVALA Agustin, « The Relationship Between the Historical Body and the Environment in Late Nishida Philosophy » : *Transactions of the International Conference of Orientalists in Japan* 35 (1990) 44-57.

JACINTO ZAVALA Agustin, « La derecha en la escuela de Kioto » : *Avances de Incesticagión* 1 (1992, n° 4) 1-110.

JACINTO ZAVALA Agustin, *La filosofia social de Nishida Kitarō : 1935-1945*, Michoacán, El Colegio de Michoacán, 1994, 320 p.

JACINTO ZAVALA Agustin, « The Return of the Past. Tradition and the Political Microcosm in the Later Nishida », dans James W. HEISIG et John C. MARALDO (éd.), *Rude Awakenings. Zen, the Kyoto School, and the Question of Nationalism*, Honolulu, University of Hawaii Press, 1995, 381 p. ; p. 132-50.

JACINTO ZAVALA Agustin, « The Bodily Manifestation of Religious Experience and Late Nishida Philosophy » : *Zen Buddhism Today* 15 (1998) 33-50.

JACINTO ZAVALA Agustin, « On Some Elements of the Concept of Basho » : *Dokkyo International Review* 14 (2001) 119-34.

JACINTO ZAVALA Agustin (éd.), *Textos de la filosofía japonesa moderna. Antologia*, vol. 1, Michoacán, El Colegio de Michoacán, 1995, 375 p.

JACINTO ZAVALA Agustin (éd.), *Ensayos filosoficos japoneses*, Mexico, Cien del mundo, 1997, 256 p.

JACINTO ZAVALA Agustin (éd.), *La otra filosofia japonesa. Antologia*, vol. 2, Michoacán, El Colegio de Michoacán, 1997, 434 p.

JIANG Tao, « The Problematic of Continuity. Nishida Kitaro and Aristotle » : *Philosophy East and West* 55 (2005, n° 3) 447-60.

JONES Christopher S., « Ethics and Politics in the Early Nishida. Reconsidering *Zen no Kenkyū* » : *Philosophy East and West* 53 (2003, n° 4) 514-36.

JONES Nicholaos John, « The Logic of *soku* in the Kyōto School » : *Philosophy East and West* 54 (2004, n° 3) 302-21.

KASULIS Thomas P., « The Kyōto School and the West. Review and Evaluation » : *The Eastern Buddhist* 15 (1982, n° 2) 125-45.

KASULIS Thomas P., « Sushi, Science, and Spirituality. Modern Japanese Philosophy and its Views of Western Science » : *Philosophy East and West* 45 (1995, n° 2) 227-48.

KASULIS Thomas P., « Japanese Philosophy », dans Thomas BALDWIN (éd.), *The Cambridge History of Philosophy 1870-1945*, Cambridge, Cambridge University Press, 2003, p. 513-7.

KASULIS Thomas P., « Japanese Philosophy in the English-Speaking World », dans James W. HEISIG (éd.), *Japanese Philosophy Abroad*, Nagoya, Nanzan Institute for Religion and Culture, 2004, 304 p. ; p. 63-83.

KAZASHI Nobuo, « De la pluralité de lieu. James, Sōseki et Nishida », dans Augustin BERQUE (dir.), *Logique du lieu et dépassement de la modernité*, vol. 1 : *Nishida : La mouvance philosophique*, Bruxelles, Ousia, 2000, 390 p. ; p. 263-90.

KIM Ha Tai, « Nishida and Royce » : *Philosophy East and West* 1 (1952, n° 4) 18-29.

KIOKA Nobuo, « Kuki Shūzō, un critique de la philosophie nishidienne » : *Bungaku Ronsha* 53 (2003, n° 1) 91-120.

KNAUTH Lothar, « Life is Tragic. The Diary of Nishida Kitarō » : *Monumenta Nipponica* 20 (1965, n° 3-4) 335-58.

KNAUTH Lothar, « ¿ Filosofía japonesa en la América Hispánica ? », dans James W. HEISIG (éd.), *Japanese Philosophy Abroad*, Nagoya, Nanzan Institute for Religion and Culture, 2004, 304 p. ; p. 114-21.

KOBAYASHI Michio, « Réception et critique de la philosophie de Descartes au Japon. Le cas de Kitarō Nishida », dans Philippe SOUAL et Miklos VETÖ (éd.), *Chemins de Descartes. Colloque de Poitiers*, L'Harmattan, 1997, 139 p. ; p. 43-56.

KOBAYASHI Nobuyuki, « Welt als Spiegelbild. Zur "poietischen" Besinnung Kitaro Nishidas », dans NISHIMURA Kiyokazu (éd.), *Selected Papers of the 15th International Congress of Aesthetics*, Tōkyō, University of Tōkyō, 2003, p. 160-7.

KOBAYASHI Toshiaki, « Die Stützung des Tennōismus durch die Philosophie. Zum politischen Standpunkt des japanischen Philosophen Nishida Kitaro während des II. Weltkriegs » : *Deutsche Zeitschrift für Philosophie* 44 (1996, n° 6) 975-86.

KOBAYASHI Toshiaki, *Denken des Fremden. Am Beispiel von Kitarō Nishida*, Frankfurt, Stroemfeld, 2002.

KOIZUMI Takashi, « Morals and Society in Japanese Philosophy », dans Brian CARR (éd.), *Companion Encyclopedia of Asian Philosophy*, New York, Routledge, 1997, 1136 p. ; p. 792-809.

KOPF Gereon, « Alterity and Nothingness. An Exploration of Nishida's I and Thou » : *Journal of Faculty of Religious Sciences* 27 (1999) 109-22.

KOPF Gereon, *Beyond Personal Identity. Dōgen, Nishida and a Phenomenology of No-Self*, Richmond, Curzon Press, 2001, 298 p.

KOPF Gereon, « Temporality and Personal Identity in the Thought of Nishida Kitarō » : *Philosophy East and West* 52 (2002, n° 2) 224-45.

KOPF Gereon, « Neither Dogma nor Institution. Nishida on the Role of Religion » : *Eastern Buddhist* 35 (2003, n° 1-2) 219-40.

KOPF Gereon, « Between Identity and Difference. Three Ways of Reading Nishida's Non-Dualism » : *Japanese Journal of Religious Studies* 31 (2004, n° 1) 73-103.

KOPF Gereon, « Die Zukunft der japanischen Philosophie in Deutschland », dans James W. HEISIG (éd.), *Japanese Philosophy Abroad*, Nagoya, Nanzan Institute for Religion and Culture, 2004, 304 p. ; p. 186-99.

KOPF Gereon, « Critical comments on Nishida's use of chinese Buddhism » : *Journal of Chinese Philosophy* 32 (2005, n° 2) 313-29.

KOSAKA Masaaki (éd.), *Japanese Culture in the Meiji Era*, v. 9 : *Japanese Thought in the Meiji Era*, Tōkyō, Pan-Pacific Press, 1958, 512 p.

KOSEI Ishi, « L'idée de "sphère de co-prospérité de la Grande Asie orientale" et la philosophie bouddhique. Le rōle de l'École de Kyōto » : *Cipango. Cahiers d'études japonaises. Mutations de la conscience dans le Japon moderne* (numéro hors-série 2, printemps 2002) 71-119.

KOZYRA Agnieszka, « Eastern Nothingness (*tōyōteki mu*) in Nishida Kitaro and Lin-Chi », dans Augustin BERQUE (dir.), *Logique du lieu et dépassement de la modernité*, vol. 1 : *Nishida : la mouvance philosophique*, Bruxelles, Ousia, 2000, 390 p. ; p. 164-92.

KURODA Akinobu, « Le fait primitif chez Nishida Kitarō. Pour une généalogie de l'expérience pure », dans *Actes du premier colloque d'études japonaises de l'Université Marc Bloch, Strasbourg, 5 et 6 mai 2000*, Strasbourg, Université Marc Bloch, 2000, 287 p. ; p. 59-70.

KURODA Akinobu, « La résonance de la philosophie française moderne chez Nishida Kitarō. Sur l'intimité de la conscience », dans *Tradition et Modernité en Orient et dans les mondes slaves et néo-hellénique. L'inspiration française* (Actes du Congrès international organisé par le GEO, Strasbourg, 25-27 novembre 1999), Publication Langues'O, collection « Colloque Langues'O », 2002, p. 203-13.

LAM Wing-keung, « Redefining Philosophy through Assimilation. Nishida Kitarō and Mou Zong-san », dans James W. HEISIG (éd.), *Frontiers of Japanese Philosophy*, Nagoya, Nanzan Institute for Religion and Culture, 2006, 313 p.; 22-38.

LANGDON Gilkey, « Tillich and the Kyoto School », dans Robert P. SCHARLEMANN (éd.), *Negation and Theology*, Charlottesville/ London, University Press of Virginia, 1992, p. 72-85.

LAVELLE Pierre, « Nishida Kitarō, l'École de Kyōto et l'ultranationalisme » : *Revue Philosophique de Louvain* 92 (1994, n° 4) 430-58.

LAVELLE Pierre, « The Political Thought of Nishida Kitaro » : *Monumenta Nipponica* 49 (1994, n° 2) 139-66.

LAVELLE Pierre, *La Pensée japonaise* [Que sais-je ?, 3188], Paris, Presses Universitaires de France, 1997, 128 p.

LE BLANC Charles et ROCHER Alain (dir.), *Tradition et innovation en Chine et au Japon. Regards sur l'histoire intellectuelle*, Montréal, Les presses de l'université de Montréal, 1996, 342 p.

LI Wei-zhou, *Essays on Chinese and Japanese Philosophical Thought* (en chinois), Jinan, Qilu Shushe, 1992.

LI Wei-zhou (éd.), *Interchanges and Comparisons of Chinese and Japanese Philosophical Thought* (en chinois), Qingdao, Qingdao Haiyang Daxue Chubanshe, 1991.

LIEDERBACH Hans Peter, « Abweisende Vereinnahmung. Strukturen und Probleme der philosophischen Japandiskurse » : *Nachrichten. Die Gesellschaft für Natur – und Völkerkunde Asiens* 53 (2003, n° 1-2) 35-63.

LIU Ji-chen, *Nishida's Philosophy* (en chinois), Beijing, Shangwu Yinshuguan, 1963.

LIU Ji-chen, *The Philosophy of the Kyoto School* (en chinois), Beijing, Guangming Ribao Chubanshe, 1993.

LOPEZ-SILONIS Rafael, « La religion de Nishida Kitarō » : *Pensamiento* 27 (janvier-mars 1971) 31-58.

LOPEZ-SILONIS Rafael, « Dios en la filosofia religiosa de Nishida Kitaro » : *Boletin de la Asociacion Espanola de Orientalistas* 8 (1972) 3-61.

LOPEZ-SILONIS Rafael, « Citas de algunos padres y teologos medievales en las obras de Nishida Kitaro (puntos de contacto entre el neoplatonismo cristiano y la filosofia) » : *Pensamiento* 48 (1992, n° 192) 481-96.

LUNA Javier Gonzalez, « La Escuela de Kyoto de filosofia moderna », dans Javier Gonzales LUNA et Sandra Morales MUNOZ (éd.), *Kōten. Lecturas cruzadas Japon-America Latina*, Bogota, Editorial Pontificia Universidad Javeriana, 2004, 305 p. ; p. 83-99.

LUTHER Arthur R., « Scheler's Person and Nishida's Active Self as Centers of Creativity » : *Philosophy Today* 21 (1977, n° 2) 126-42.

LUTHER Arthur R., « Original Emergence in Heidegger and Nishida » : *Philosophy Today* 26 (1982, n° 4) 345-56.

LÜTZ Paul, *Die japanische Philosophie*, Tübingen, Mohr, 1944.

MAFLI Paul, *Nishida Kitarōs Denkweg*, München, Iudicium, 1996.

MARALDO John C., « Nishida and the Individualization of Religion » : *Zen Buddhism Today* 6 (1988, n° 6) 70-87.

MARALDO John C., « Translating Nishida » : *Philosophy East and West* 39 (1989, n° 4) 465-96.

MARALDO John C., « Self-mirroring and Self-awareness. Dedekind, Royce and Nishida », dans UEDA Shizuteru (éd.), 『西田哲学への問い』(Nishida tetsugaku e no toi, Questions posées à la philosophie de Nishida), Tōkyō, Iwanami Shoten, 1990, p. 85-95.

MARALDO John C., « The Problem of World Culture. Towards an Appropriation of Nishida's Philosophy of Nation and Culture » : *The Eastern Buddhist* 28 (1995, n° 2) 183-97.

MARALDO John C., « Questioning Nationalism Now and Then. A Critical Approach to Zen and the Kyoto School », dans James W.

HEISIG et John C. MARALDO (éd.), *Rude Awakenings. Zen, the Kyoto School, and the Question of Nationalism*, Honolulu, University of Hawaii Press, 1995, 381 p. ; p. 333-62.

MARALDO John C., « Contemporary Japanese Philosophy », dans Brian CARR et Indira MAHALINGAM (éd.), *Companion Encyclopedia of Asian Philosophy*, London, Routledge, 1997, 1136 p. ; p. 810-35.

MARALDO John C., « Nishida Kitaro », dans *Routledge Encyclopaedia of Philosophy*, London, Routledge, 1998, p. 13-6.

MARALDO John C., « Nishida Kitaro », dans E. CRAIG (éd.), *Concise Routledge Encyclopedia of Philosophy*, London, Routledge, 2000, p. 634.

MARALDO John C., « The Ambiguous Legacy of Japanese Philosophy » : *Monumenta Nipponica* 57 (2002, n° 3) 349-58.

MARALDO John C., « Rethinking God. Heidegger in the Light of Absolute Nothing, Nishida in the Shadow of Onto-Theology », dans Jeffrey BLOECHL (éd.), *Religious Experience and the End of Metaphysics*, Bloomington, Indiana University Press, 2003, p. 31-49.

MARALDO John C., « Self-Mirroring and Self-Awareness. Dedekind, Royce, and Nishida », dans James W. HEISIG (éd.), *Frontiers of Japanese Philosophy*, Nagoya, Nanzan Institute for Religion and Culture, 2006, 313 p.; 143-163.

MARCHIANO Grazia (éd.), *La Scuola di Kyōto. Kyōto-ha*, Soveria Mannelli, Rubbettino, 1996, 178 p.

MARRA Michele, « The Space of Poetry. The Kyōto School and Nishitani Keiji », dans Michele MARRA (éd.), *Modern Japanese Aesthetics. A Reader*, Honolulu, University of Hawaii Press, 1999, 322 p. ; p. 171-217.

MARRA Michele (éd.), *Modern Japanese Aesthetics. A Reader*, Honolulu, University of Hawaii Press, 1999, 322 p.

MARRA Michele (éd.), *A History of Modern Japanese Aesthetics*, Honolulu, University of Hawaii Press, 2001, 398 p.

MASUMI Shibata, « The Diary of a Zen Layman. The Philosopher Nishida Kitarō » : *The Eastern Buddhist* 1 (1981, n° 2) 121-31.

MATSUDO Yukio, *Die Welt als Dialektisches Allgemeines. Eine Einführung der Spaetphilosophie von Kitaro Nishida*, Berlin, Vista, 1990, 252 p.

MATSUMARU Hisao, « The Place of Subject and Object. In Search of Possibilities of a Logic for Primordial Experience » : *Zen Buddhism Today* (1988, n° 6) 134-49.

MAYEDA Graham, « Reflections on Time, Space and Ethics in the Philosophy of Nishida Kitaro and Watsuji Tetsuro » : *International Studies in Philosophy* 32 (2000, n° 1) 147-55.

McCARTHY Erin, « Nishida in Context » : *Religious Studies Review* 30 (2004, n° 2-3) 143-5.

MINAMI Hiroshi et TAKAKUWA Sumio, *An Overview of Oriental Thought centering on Japanese Philosophy*, Ottawa, Embassy of Japan, 1983, 20 p.

MINOBE Hitoshi, « Die Stellung des Seins bei Fichte, Schelling und Nishida » : *Fichte Studien* 21 (2003) 63-72.

MONNET Livia (dir.), *Approches critiques de la pensée japonaise du XX<sup>e</sup> siècle*, Montréal, Presses de l'Université de Montréal, 2001, 570 p.

MOORE Charles A. (éd.), *The Japanese Mind. Essentials of Japanese Philosophy and Culture*, Honolulu, University of Hawaii Press, 1968, 357 p.

MORITA Yoshinori, « Contemporary Japanese Philosophy », dans E. DEUTSCH et R. BONTEKOE (éd.), *A Companion to World Philosophies*, London, Blackwell, 1997, p. 523-30.

NAGATOMO Shigenori, « Contemporary Japanese Philosophy », dans Eliot DEUTSCH (éd.), *A Companion to World Philosophies*, London, Blackwell, 1997, p. 523-30.

NAKAGAWA Hisayasu, « Descartes et Nishida. Les présupposés linguistiques de deux philosophies » : *Il cannocchiale* (1998, n° 1) 81-98.

NAKAMURA Yūjirō, « Nishida. Le premier philosophe original au Japon » : *Critique* 39 (1983, n° 428-429) 32-54.

NAKAMURA Yūjirō, « L'intuition active et l'art japonais » : *Internationale de l'Imaginaire* (1985-86).

NAKAMURA Yūjirō, « L' "identité de soi des contraires absolus" : une "logique de cœur" et son efficacité », dans *Écritures japonaises*, Paris, Centre Georges Pompidou, 1986, p. 63-88.

NAKAMURA Yūjirō, « Logique du lieu et profondeurs du régime du *tennō*. Sur la logique du lieu 2 », dans Augustin BERQUE et Philippe NYS (dir.), *Logique du lieu et œuvre humaine*, Bruxelles, Ousia, 1997, 276 p. ; p. 229-56.

NAKAMURA Yūjirō, « Logique du lieu et savoir théâtral. Sur la logique du lieu 1 », dans Augustin BERQUE et Philippe NYS (dir.), *Logique du lieu et œuvre humaine*, Bruxelles, Ousia, 1997, 276 p. ; p. 107-32.

NAKAMURA Yūjirō, « La théorie de la poïesis chez Nishida », dans TAMBA Akira (dir.), *L'Esthétique contemporaine au Japon*, Paris, CNRS Éditions, 1997, 215 p. ; p. 35-42.

NAKAMURA Yūjirō, « Au-delà de la logique du lieu », dans Augustin BERQUE (dir.), *Logique du lieu et dépassement de la modernité*, vol. 1 : *Nishida : la mouvance philosophique*, Bruxelles, Ousia, 2000, 390 p. ; p. 356-85.

NG Yu-kwan, *Seven Lectures on the Kyoto School* (en chinois), Taipei, Wenjin Chubanshe, 1998.

NISHITANI Keiji, *Nishida Kitarō* [Nanzan Institute for Religion and Culture, 15], Berkeley and Los Angeles, University of California Press, 1991, 238 p.

NITTA Yoshihiro, « Über die Selbst-differenzierung des Lebens. Phänomenologie der Ungegenständlichkeit bei Kitaro Nishida (1870-1945) », dans E. G. VALDES (éd.), *Festschrift für Meinolf Wewel, Facetten der Wahrheit*, Freiburg/München, 1995, p. 249-56.

NITTA Yoshihiro, « Welt und Leben. Das Selbstgewahren des Lebens bei Nishida Kitaro », dans H. R. SEPP et I. YAMAGUCHI (éd.),

*Leben als Phänomen. Die Freiburger Phänomenologie im Ost-West Dialog*, Würzburg, 2006, p. 60-6.

NITTA Yoshihiro (éd.), *Japanische Beiträge zur Phänomenologie*, Freiburg, Karl Alber, 1984.

NITTA Yoshihiro, SHIMOMISSE Eiichi et TATEMATSU Hirokata, « Phenomenology and Philosophy in Japan », dans NITTA Yoshihiro et TATEMATSU Hirokata (éd.), *Analecta Husserliana*, vol. 8 : *Japanese Phenomenology. Phenomenology as the Trans-cultural Philosophical Approach*, Dordrecht, 1979, 291 p. ; p. 3-17.

NITTA Yoshihiro, SHIMOMISSE Eiichi et TATEMATSU Hirokata, « Phenomenology in the Japanese Inheritance », dans NITTA Yoshihiro et TATEMATSU Hirokata (éd.), *Analecta Husserliana*, vol. 8 : *Japanese Phenomenology. Phenomenology as the Trans-cultural Philosophical Approach*, Dordrecht, 1979, 291 p. ; p. 207-70.

NOBUHARA Tokiyuki, « Whitehead and Nishida on Time. A Cosmological Groundwork for Worldly Theology in Terms of a Study of Christian and Buddhist Natural Theology in the Making. 1 : Whitehead and Nishida in Terms of the Task of Natural Theology Today » : *Japanese Religions* 12 (1982, n° 2) 47-64.

NOBUHARA Tokiyuki, « Whitehead and Nishida on Time : A Cosmological Groundwork for Worldly Theology in Terms of a Study of Christian and Buddhist Natural Theology in the Making. 2 : Whitehead's Theory of Time » : *Japanese Religions* 12 (1982, n° 3) 41-50.

NODA Matao, « East-West Synthesis in Kitarō Nishida » : *Philosophy East and West* 4 (1955, n° 4) 345-60.

NOE Keichi, « "The Non-Cartesian Subject" in Japanese Philosophy. The Case of Nishida Kitarō » : *Social Discourse* 6 (1994, n° 1-2) 79-87.

NOE Keichi, « Science in the Life-World. Kitarō Nishida's Philosophy of Science », dans ŌHASHI Ryōsuke (éd.), *The Cultural*

*Background of the Reception of the Natural Sciences in the non-European World*, IIAS Reports, n° 1996-002, 1996.

ODAGAKI Masaya, « An Attempt at Anthropological Theology. Schubert Ogden and the Philosophy of Kitarō Nishida » : *The Drew Gateway* 120, p. 120-31.

ODAKA Katsuaki, « Die diskontinuierliche Kontinuität bei Kitaro Nishida » : *Synthesis Philosophica* 19 (2004, n° 1) 19-33.

ODIN Steve, « An Explanation of Beauty. Nishida Kitarō's *Bi no Setsumei* » : *Monumenta Nipponica* 42 (1987, n° 2) 211-7.

ODIN Steve, « *Kenōsis* as a Foundation for Buddhist-Christian Dialogue. The Kenotic Buddhology of Nishida and Nishitani of the Kyōto School in Relation to the Kenotic Christology of Thomas J. J. Altizer » : *The Eastern Buddhist* 20 (1987, n° 1) 34-61.

ODIN Steve, « Abe Masao and the Kyōto School on Christian *Kenōsis* and Buddhist *Sūnyatâ* » : *Japanese Religions* 15 (1989, n° 3) 1-18.

ODIN Steve, « The Social Self in Japanese Philosophy and American Pragmatism. A Comparative Study of Watsuji Tetsurō and George Herbert Mead » : *Philosophy East and West* 42 (1992, n° 3) 475-501.

ODIN Steve, « The Epochal Theory of Time in Whitehead and Japanese Buddhism. An East-West Study of Whitehead, Dogen, and Nishida » : *Process Studies* 23 (1994, n° 2) 119-33.

ODIN Steve, « Models of the "Social Self" in Modern Japanese Philosophy and G. H. Mead's American Pragmatism » : *American Journal of Theology and Philosophy* 15 (1994, n° 3) 241-55.

ODIN Steve, *The Social Self in Zen and American Pragmatism*, Albany, SUNY Press, 1996, 482 p.

OGAWA Tadashi, « The Kyōto School of Philosophy and Phenomenology », dans NITTA Yoshihiro et TATEMATSU Hirokata (éd.), *Analecta Husserliana*, vol. 8 : *Japanese Phenomenology. Phenomenology as the Trans-cultural Philosophical Approach*, Dordrecht, 1979, 291 p. ; p. 207-21.

OGAWA Tadashi, *Grund und Grenze des Bewusstseins. Interkulturelle Phänomenologie aus japanischer Sicht*, Würzburg, Königshausen and Neumann, 2001.

OGAWA Tadashi, LAZARIN M. et RAPPE J. G.. (éd.), *Interkulturelle Philosophie und Phänomenologie in Japan. Beiträge zum Gespräch über Grenzen hinweg*, München, Iudicium, 1998.

ŌHASHI Ryōsuke, *Sein und Nichts. Grundbilder westlichen und œstlichen Denkens*, Herder, Freiburg, 1981.

ŌHASHI Ryōsuke, *Zeitlichkeitsanalyse der Hegelschen Logik. Zur Idee einer Phänomenologie des Ortes*, Freiburg, Karl Alber, 1984.

ŌHASHI Ryōsuke, « La théorie des groupes et la notion de monde chez Nishida », dans Augustin BERQUE, Philippe NYS (dir.), *Logique du lieu et œuvre humaine*, Bruxelles, Ousia, 1997, 276 p. ; p. 78-106.

ŌHASHI Ryōsuke, *Japan im interkulturellen Dialog*, München, Iudicium, 1999.

ŌHASHI Ryōsuke, « Jeu et logique de lieu », dans Augustin BERQUE (dir.), *Logique du lieu et dépassement de la modernité*, vol. 1 : *Nishida : la mouvance philosophique*, Bruxelles, Ousia, 2000, 390 p. ; p. 338-52.

ŌHASHI Ryōsuke (éd.), *Die Philosophie der Kyōto-Schule. Texte und Einführung*, Freiburg/München, Alber, 1990.

OKADA Katsuaki, « Discontinued Continuity in Kitaro Nishida » (en serbo-croate) : *Filozofska Istrazivanja* 96 (2005, n° 1) 15–27.

OKAKURA Tenshin, « La philosophie japonaise contemporaine » : *Revue Internationale de Philosophie* (1974, n° 107-8).

OLSON C., « Beyond Personal Identity. Dogen, Nishida, and a Phenomenology of No-Self » : *Buddhist-Christian Studies* 25 (2005) 200-2.

ORNATOWSKI Gregory K., « Transformations of "Emptiness" : on the Idea of Sunyata and the Thought of Abe and the Kyoto School of Philosophy » : *Journal of Ecumenical Studies* 34 (hiver 1997) 92-114.

OSHIMA Hitoshi, « La logique chez Nishida Kitarō (1870-1945) » : *Cipango. Cahiers d'Études Japonaises* (1993, n° 2) 125-38.

OSHIMA Hitoshi, *Le Développement d'une pensée mythique. Pour comprendre la pensée japonaise*, Paris, Osiris, 1994, 119 p.

OTTE K., « The Kyoto Philosopher's Call „Ad Fontes". Asian Humanism » : *The Eastern Buddhist* 26 (1993, n° 1) 94-100.

PARKES Graham, « The putative Fascism of the Kyoto School and the Political Correctness of the Modern Academy » : *Philosophy East and West* 47 (1997, n° 3) 305-36.

PASQUALOTTO G., « Nishida, dialettica e buddhismo », dans Renato ANDOLFATO (éd.), *L'Io e il tu*, Padova, Unipress, p. 151-207.

PAUL Gregor, *Zur Geschichte der Philosophie in Japan und zu ihrer Darstellung*, Tōkyō, Deutsche Gesellschaft für Natur und Völkerkunde Ostasiens, 1986, 56 p.

PAUL Gregor, *Philosophie in Japan. Von den Anfängen bis zur Heian-Zeit. Eine kritische Untersuchung*, München, Iudicium Verlag, 1993, 454 p.

PEERENBOOM R. P., « The Religious Foundations of Nishida's Philosophy » : *Asian Philosophy* 1 (1991, n° 2) 161-73.

PEREZ Ruiz F., « Philosophy in present-day in Japan » : *Monumenta Nipponica* 24 (1969, n° 1-2) 137-68.

PIOVESANA Gino, « Main Trends of Contemporary Japanese Philosophy » : *Monumenta Nipponica* 11 (1955-56, n° 2) 60-74.

PIOVESANA Gino, *Filosofia giapponese contemporanea*, Bologna, Patron, 1968.

PIOVESANA Gino, *Recent Japanese Philosophical Thought, 1862-1962*, Tōkyō, Enderle Bookstore, 1968, 296 p.

PIOVESANA Gino, « Contemporary Japanese Philosophy », dans Dale RIEPE (éd.), *Asian Philosophy Today*, New York, Gordon and Breach, 1981, p. 223-92.

PIOVESANA Gino, *Recent Japanese Philosophical Thought, 1862-1996. A Survey*, Richmond, Japan Library, 1997, 310 p.

PIPER Raymond Frank, « Nishida, Notable Japanese Personalist » : *The Personalist* 17 (1936, n° 2) 21-31.

PÖGGELER Otto, « Westiche Wege zu Nishida und Nishitani », dans Georg STENGER et Margarete RÖHRIG (éd.), *Festschrift für Heinrich Rombach, Philosophie der Struktur. „Fahrzeug" der Zukunft ?*, Freiburg/München, Karl Alber, 1995, p. 95-108.

PUTNEY David, « Identity and the Unity of Experience. A Critique of Nishida's Theory of Self » : *Asian Philosophy* 1 (1991, n° 2) 141-60.

RAUD Rein, « "Place" and "Being-time" : Spatiotemporal Concepts in the Thought of Nishida Kitaro and Dogen Kigen » : *Philosophy East and West* 54 (2004, n° 1) 29-51.

RAVERI Massimo, « Dopo Yanagita Kunio e la sua Scuola. Dal folklore all'antropologia culturale », dans *Atti del I Covegno di Studi sul Giappone*, Firenze, Aistugia, 1978, p. 47-56.

RAYMAKER John, *A Buddhist-Christian Logic of the Heart. Nishida's Kyoto School and Lonergan's « Spiritual Genome » as World Bridge*, Lanham, University Press of America, 2002, 214 p.

RIEBER Arnulf, « Grundtypen abendlandischen Ganzheitsdenkens », dans Heinrich BECK (éd.), *Kreativer Friede durch Begegnung der Weltkulturen*, New York, Lang, 1995, p. 121-55.

RIEPE Dale, « An Introduction to Nishida's Pure Radical Empiricism » : *Philosophy and Phenomenological Research* 61 (1961, n° 1) 479-89.

RIEPE Dale, « Selected Chronology of Recent Japanese Philosophy (1868-1963) » : *Philosophy East and West* 15 (juillet-août 1965) 259-84.

ROY Louis, « Some Japanese Interpretations of Meister Eckhart » : *Studies in Interreligious Dialogue* 11 (2001, n° 2) 182-98.

ROY Louis, *Mystical Consciousness. Western Perspectives and Dialogue with Japanese Thinkers*, Albany, SUNY Press, 2003, 229 p.

SAITÔ Takako, « La question de l' "individu" et du "tout" chez Watsuji, Kuki et Nishida dans les années 1930-1940 », dans *Japon pluriel 4, Actes du quatrième colloque de la Société française des études japonaises*, Paris, Éditions Philippe Picquier, 2001, p. 199-209.

SALICE Alessandro, « Chora bei Derrida und Nishida » : *Aesthetics* 11 (mars 2004) 162-71.

SCHINZINGER Robert, *Japanisches Denken. Der weltanschauliche Hintergrund des heutigen Japan*, Berlin, Eric Schmidt Verlag, 1983.

SCRIBNER F. Scott, « Nishida's Fichte and the Resistance of Idealism » : *International Journal for Field Being* 1 (2001, n° 2) 1-8.

SERVOMAA Sonja, « Nature, Art, Peace. Rabindranath Tagores' and Kitaro Nishida's Philosophical Contributions to Universal Culture of Peace » : *Skepsis* 15 (2004) 200-24.

SHIBATA Masumi, « The Diary of a Zen Laymen. The Philosopher Nishida Kitaro » : *The Eastern Buddhist* 14 (1981, n° 2) 121-31.

SHIMOMURA Toratarō, « Nishida Kitarō and Some Aspects of His Philosophical Thought », dans NISHIDA Kitarō, *A Study of Good*, New York, Greenwood Press, 1988, 217 p. ; p. 191-217 (trad. Valdo Viglielmo).

SIMONI-WASTILA Henry, « Inclusive Infinity and Radical Particularity. Hegel, Hartshorne and Nishida » : *Sophia* 41 (2002, n° 1) 33-54.

STEINECK Ch., « Wirklichkeit und Interkulturalität bei Nishida Kitarō. Eine Kritik », dans OGAWA Tadashi, M. LAZARIN et G. RAPPE (éd.), *Interkulturelle Philosophie und Phänomenologie in Japan. Beiträge zum Gespräch über Grenzen hinweg*, München, Iudicium, 1998, p. 265-88.

STEVENS Bernard, « L'école de Kyōto », dans Bernard STEVENS, *Une Introduction historique à la philosophie*, Louvain-la-Neuve, 1993, p. 291-336.

STEVENS Bernard, « En guise d'introduction. Une présentation de l'école de Kyōto » : *Études Phénoménologiques* 9 (1993, n° 18) 7-62.

STEVENS Bernard, « Sur la spécificité philosophique du Japon » : *Revue Philosophique de Louvain* 91 (1993, n° 90) 275-95.

STEVENS Bernard, « "Basho" et "Khōra". Nishida en son lieu » : *Études Phénoménologiques* 21 (1995) 81-109.

STEVENS Bernard, « Histoire de l'être et nihilisme dans la perspective de l'école de Kyōto » : *Heidegger Studies* 12 (1996) 57-82.

STEVENS Bernard, « Situation de Nishida » : *Revue Philosophique de Louvain* 94 (1996, n° 1) 43-68.

STEVENS Bernard, « Reflections on the Notion of Reality in the Thought of Nishida and Nishitani, Nishida's Philosophy, Nishitani's Philosophy and Zen » : *Zen Buddhism Today* 15 (1998) 1-14.

STEVENS Bernard, « La première esquisse du système nishidien » : *Revue Philosophique de Louvain* 97 (1999, n° 1) 9-18.

STEVENS Bernard, « Quelques aspects de la philosophie japonaise contemporaine », dans *Conférences du Céjul 98-99*, Liège, Éditions Céjul, 2000, p. 65-80.

STEVENS Bernard, *Topologie du néant. Une approche de l'école de Kyōto*, Louvain-Paris, Peeters, 2000, 225 p.

STEVENS Bernard, « L'attrait de la phénoménologie auprès des philosophes de l'école de Kyōto » : *Philosophie* (2003, n° 79) 25-42.

STEVENS Bernard, *Le Néant évidé. Ontologie et politique chez Keiji Nishitani. Une tentative d'interprétation*, Louvain-Paris, Peeters, 2003, 193 p.

STEVENS Bernard, « L'étude de la philosophie japonaise contemporaine en francophonie », dans James W. HEISIG (éd.), *Japanese Philosophy Abroad*, Nagoya, Nanzan Institute for Religion and Culture, 2004, 304 p. ; p. 30-45.

STEVENS Bernard, *Invitation à la philosophie japonaise. Autour de Nishida*, Paris, CNRS Éditions, 2005, 233 p.

SUGIMOTO Koichi, « Tanabe Hajime's Logic of the Species and the Philosophy of Nishida Kitarō » : *Synthesis Philosophica* 37 (2004, n° 1) 35-47.

SUGIMOTO Koichi, « Tanabe Hajime's Logic of the Species and the Philosophy of Nishida Kitarō » (en serbo-croate) : *Filozofska Istrazivanja* 96 (2005, n° 1) 29-40.

SUZUKI Sadami, « Nishida Kitaro as Vitalist, Part 1. The Ideology of the Imperial Way in Nishida's "The Probleme of Japanese Culture" and the Symposia on The World-historical Standpoint and Japan » : *Japan Review* 9 (1997) 87-108.

SUZUKI Sadami, « La philosophie vitaliste de Nishida Kitarō. Ses imites et ses possibilités dans le courant de pensée du "dépassement de la modernité" au Japon », dans Augustin BERQUE (dir.), *Logique du lieu et dépassement de la modernité*, vol. 1 : *Nishida : la mouvance philosophique*, Bruxelles, Ousia, 2000, 390 p. ; p. 117-41.

SUZUKI Sadami, « Une lecture d'*Étude sur le bien* de Nishida Kitarō ou la formation d'une philosophie vitaliste », dans Livia MONNET (dir.), *Approches critiques de la pensée japonaise du XX^e^ siècle*, Montréal, Presses de l'Université de Montréal, 2001, 570 p. ; p. 63-108.

SUZUKI Daisetsu Teitarō, « How to Read Nishida », dans NISHIDA Kitarō, *A Study of Good*, New York, Greenwood Press, 1988, 217 p. (trad. Valdo Viglielmo).

SUZUKI Daisetsu Teitarō, « My Friend Nishida Kitarō » : *The Eastern Buddhist* 28 (1995, n° 2) 225-30.

TAKABAYASHI Shukei, « Japanese Philosophy and General Semantics » : *Etc* 43 (été 1986) 181-90.

TAKAYAMA Masashi, « Der Begriff des Guten im modernen japanischen Denken », dans R. ELM (éd.), *Zukünftiges Menschsein. Ethik zwischen Ost und West, Baden-Baden. Schriften des Zentrums für Europäische Integrationsforschung*, vol. 55, 2003, p. 139-69.

TAKEUCHI Yoshinori, « The Philosophy of Nishida » : *Japanese Religions* 3 (1963, n° 3-4) 1-32.

TAKEUCHI Yoshinori, « Nishida Kitaro », dans *The New Encyclopedia Britannica*, vol. 13, 1978, p. 118-20.

TAKEUCHI Yoshinori, « Nishida Kitaro », dans Mircea ELIADE (éd.), *The Encyclopedia of Religion,* vol. 10, 1987, 552 p. ; p. 456-7 (trad. James W. Heisig).

TAKEUCHI Yoshinori, « The Philosophy of Nishida », dans Frederick FRANCK (éd.), *The Buddha Eye. An Anthology of the Kyoto School*, New York, Crossroad, 1991, 235 p. ; p. 179-202.

TAMBA Akira (dir.), *L'Esthétique contemporaine du Japon*, Paris, CNRS Éditions, 1997, 215 p.

TANI Toru, « Inquiry into the I, Disclosedness, and Self-Consciousness. Husserl, Heidegger, Nishida » : *Continental Philosophy Review* 31 (1998, n° 3) 239-53.

TOSAKA Jun, « Is the "Logic of Nothingness" Logic ? : On the Method of Nishida Philosophy », dans David A. DILWORTH, Valdo H. VIGLIELMO et Agustin JACINTO ZAVALA (éd.), *Sourcebook for Modern Japanese Philosophy. Selected Documents*, Westport, Greenwood Press, 1998, 420 p. ; p. 362-71.

TOSOLINI Tiziano, « Il futuro della filosofia giapponese in Italia », dans James W. HEISIG (éd.), *Japanese Philosophy Abroad*, Nagoya, Nanzan Institute for Religion and Culture, 2004, 304 p. ; p. 147-54.

TOSOLINI Tiziano, « Infinity or Nothingness ? An Encounter between Nishida Kitaro and Emmanuel Levinas » : *Social identities* 11 (2005, n° 3) 209-28.

TOSOLINI Tiziano, « Introduzione », dans NISHIDA Kitarō, *La logica del luogo e la visione religiosa del mondo*, Palermo, L'Epos, 2005, 252 p. (trad. Tiziano Tosolini).

TREMBLAY Jacynthe, « Le dialogue interreligieux. Quelles logiques ? » : *Nouveau Dialogue* (1992, n° 91) 22-3.

TREMBLAY Jacynthe, « La logique de l'auto-identité absolument contradictoire de Nishida Kitarō » : *Dialogue* 33 (1994, n° 4) 595-610.

TREMBLAY Jacynthe, « La logique de Nishida », dans Charles LE BLANC et Alain ROCHER (dir.), *Tradition et innovation en Chine et au Japon. Regards sur l'histoire intellectuelle*, Montréal, Presses de l'université de Montréal/Cergy, Publications orientalistes de France, 1996, 342 p. ; p. 289-300.

TREMBLAY Jacynthe, « Néantisation et relationalité chez Nishida Kitarō et Watsuji Tetsurō » : *Théologiques* 4 (1996, n° 2) 63-82.

TREMBLAY Jacynthe, « La transcendance immanente chez Nishida Kitarō et Karl Rahner » : *Sciences Religieuses* 26 (1997, n° 2) 1-12.

TREMBLAY Jacynthe, « Le monde intelligible de Nishida. Introduction (1) » : *Ebisu* (1998, n° 17) 65-127.

TREMBLAY Jacynthe, « Le monde intelligible de Nishida. Introduction (2) » : *Ebisu* (1998, n° 18) 75-106.

TREMBLAY Jacynthe, « La logique du basho comme approfondissement de l'éveil à soi » : *Études Phénoménologiques* (1999, n° 29-30) 161-86.

TREMBLAY Jacynthe, « Notice introductive à la "Logique prédicative" de Nishida » : *Revue Philosophique de Louvain* 97 (1999, n° 1) 57-8.

TREMBLAY Jacynthe, « Les rapports universel-individuel dans la logique du basho de Nishida » : *Revue Philosophique de Louvain* 97 (1999, n° 1) 30-56.

TREMBLAY Jacynthe, « Glossaire japonais-français des termes philosophiques de Nishida Kitarō », dans Jacynthe TREMBLAY, *Nishida Kitarō. Le Jeu de l'individuel et de l'universel*, Paris, CNRS Éditions, 2000, 334 p. ; p. 275-322.

TREMBLAY Jacynthe, « La néantisation du soi dans la logique du *basho* », dans Augustin BERQUE (dir.), *Logique du lieu et dépassement de la modernité*, vol. 1 : *Nishida : la mouvance philosophique*, Bruxelles, Ousia, 2000, 390 p. ; p. 87-116.

TREMBLAY Jacynthe, *Nishida Kitarō. Le Jeu de l'individuel et de l'universel*, Paris, CNRS Éditions, 2000, 334 p.

TREMBLAY Jacynthe, *La Relation et son lieu. Introduction à la philosophie de la relation de Nishida*, Beauport, MNH/Anthropos, 2000, 79 p.

TREMBLAY Jacynthe, « Index des concepts », dans NISHIDA Kitarō, *L'Éveil à soi*, Paris, CNRS Éditions, 2003, 298 p. ; p. 285-96.

TREMBLAY Jacynthe, « Introduction de la traductrice », dans NISHIDA Kitarō, *L'Éveil à soi*, Paris, CNRS Éditions, 2003, 298 p. ; p. 9-51.

TREMBLAY Jacynthe, « Nishida Kitarō. Approches actuelles et recherche future », dans James W. HEISIG (éd.), *Japanese Philosophy Abroad*, Nagoya, Nanzan Institute for Religion and Culture, 2004, 304 p. ; p. 46-62.

TREMBLAY Jacynthe, « La relation "je-tu" dans la philosophie de Nishida » : *Religiologiques* 29 (printemps 2004) 117-51.

TREMBLAY Jacynthe, *Auto-éveil et temporalité. Les Défis posés par la philosophie de Nishida*, Paris, L'Harmattan, 2007.

TREMBLAY Jacynthe, *L'Être-soi et l'être-ensemble. L'Auto-éveil comme méthode philosophique chez Nishida*, Paris, L'Harmattan, 2007.

TREMBLAY Jacynthe (dir.), *Enjeux de la philosophie japonaise du XX^e siècle* (à paraître 2007).

TSUJIMURA Kōichi et al., *Sein und Nichts. Grundbilder westlichen und östlichen Denkens*, Freiburg, Herder, 1981, 71 p.

TSUNODA Ryusaku, DE BARY Wn Theodore et KEENE Donald (éd.), *Sources of Japanese Tradition*, New York, Columbia University Press, 1958.

UEDA Shizuteru, « Das denkende Nicht-Denken. "Zen and Philosophie" bei Nishida unter besonderer Berlicksichtigung seiner Frohphilosophie der reinen Erfahrung », dans *Denkender Glaube. Festschrift für Carl Heinz Ratschow*, Berlin/New York, 1976, 361 p. ; p. 331-41 (trad. Otto Kaiser).

UEDA Shizuteru, « Das Religionsverständnis in der Philosophie Nishida Kitaros », dans *Das Gold im Wachs. Festschrift für Thomas Immoos*, München, 1988, p. 513-29 (trad. E. Gössmann et G. Zobel).

UEDA Shizuteru, « Experience and Language in the Thinking of Kitarō Nishida » : *Annual Report from the Institute for Zen Studies* (1991, n° 17) 91-154.

UEDA Shizuteru, « Pure Experience, Self-Awareness, *Basho* » : *Études Phénoménologiques* 9 (1993, n° 18) 63-86.

UEDA Shizuteru, « Zen and Philosophy in the Thought of Nishida Kitarō » : *Japanese Religions* 18 (1993, n° 2) 162-93.

UEDA Shizuteru, « The Difficulty of Understanding Nishida's Philosophy » : *The Eastern Buddhist* 28 (1995, n° 2) 175-82.

UEDA Shizuteru, « Nishida, Nationalism, and the War in Question », dans James W. HEISIG et John C. MARALDO (éd.), *Rude Awakenings. Zen, the Kyoto School, and the Question of Nationalism*, Honolulu, University of Hawaii Press, 1995, 381 p. ; p. 77-106.

UEDA Shizuteru, « Nishida's Thought » : *The Eastern Buddhist* 28 (1995, n° 1) 29-47 (trad. Jan van Bragt).

UEDA Shizuteru, « El pensamiento de Nishida », dans UEDA Shizuteru, *Zen y la filosofía*, Barcelona, Editorial Herder, 2005, p. 159-81 (trad. Raquel Bouso).

UEHARA Mayuko, « Problématique de la traduction des expressions "ishiki suru ishiki" et "ishiki serareta ishiki" dans l'œuvre de Nishida Kitarō », dans *Japon pluriel 3, Actes du troisième colloque de la Société française des études japonaises*, Paris, Éditions Philippe Picquier, 1999.

UEHARA Mayuko, « The Conceptualization and Translation of *Jikaku* and *Jiko* in Nishida », dans James W. HEISIG (éd.), *Frontiers of Japanese Philosophy*, Nagoya, Nanzan Institute for Religion and Culture, 2006, 313 p.; 55-68.

UNNO Taitetsu, « The Past as a Problem of the Present. Zen, the Kyoto School and Nationalism » : *The Eastern Buddhist* 30 (1997, n° 2) 245-66.

VALLES Jesus Gonzalez, « Primeras influencias de la filosophia occidental en el pensamiento japones » : *Studium* 4 (1964) 75-112.

VALLES Jesus Gonzalez, « El camino hacia el absoluto en el penscimiento de Kitaro Nishida » : *Studium* 33 (1993).

VALLES Jesus Gonzalez, *Historia de la filosofía japonesa*, Madrid, Tecnos, 2000, 562 p.

VIANELLO Giancarlo, « La scuola di Kyōto in Europa », dans *Atti del XXVIII Convegno Aistugia*, Venezia, Aistugia, 2004, p. 303-13.

VIANELLO Giancarlo, CESTARI Matteo et YOSHIOKA Kenjirō (éd.), *La scuola di Kyoto. Kyoto-ha*, Rubbettino, 1996, 178 p.

VIGLIELMO Valdo H., « Nishida's Final Statement » : *Monumenta Nipponica* 43 (1988, n° 3) 353-62.

WAKABAYASHI Bob Tadashi (éd.), *Modern Japanese Thought*, Cambridge, Cambridge University Press, 1998, 403 p.

WALDENFELS Hans, « Absolute Nothingness. Preliminary Considerations on a Central Notion in the Philosophy of Nishida Kitarō and the Kyōto School » : *Monumenta Nipponica* 21 (1966, n° 3-4) 354-91.

WALDENFELS Hans, « Das schweigende Nichts angesichts des sprechenden Gottes (Zum Gespräch zwischen Buddhismus und Christentum in der japanischen Kyoto-Schule) » : *Neue Zeitschrift für systematische Theologie und Religionsphilosophie* 13 (1971, n° 3) 315-34.

WALDENFELS Hans, *Absolutes Nichts. Zur Grundlegung des Dialoges zwischen Buddhismus und Christentum*, Freiburg, Herder, 1976, 221 p.

WALDENFELS Hans, *Absolute Nothingness. Foundations of a Buddhist-Christian Dialogue*, New York, Paulist Press, 1980, 214 p.

WANG Shou-hua et BIAN Chong-dao (éd.), *Textbook of History of Japanese Philosophy* (en chinois), Jinan, Shandong Daxue Chubanshe, 1989.

WANG Shou-hua et BIAN Chong-dao, *Critical Biographies of Famous Eastern Philosophers* (en chinois), Jinan, Shandong Renmin Chubanshe, 2000.

WARGO Robert Joseph, *The Logic of Nothingness. A Study of Nishida Kitaro*, Honolulu, University of Hawaii Press, 2005, 241 p.

WEED Laura E., « Kant's Noumenon and Sunyata » : *Asian Philosophy* 12 (2002, n° 2) 77-95.

WEINMAYR Elmar, « Denken im übergang. Kitarō Nishida und Martin Heidegger », dans Hartmut Buchner (éd.), *Japan und Heidegger*, Jan Thorbecke Verlag, 1989, 282 p. ; p. 39-61.

WEINMAYR Elmar, « Thinking in Transition. Nishida Kitaro and Martin Heidegger » : *Philosophy East and West* 55 (2005, n° 2) 232-56.

WILLIAMS David, *Defending Japan's Pacific War. The Kyoto School Philosophers and post-White Power*, London and New York, Routledge Curzon, 2004, 238 p.

YAGI Seiji, « The Language of the Kyoto School of Philosophy » : *Zen Buddhism Today* 15 (1998) 65-76.

YAMASHITA Yoshiaki, *Identität als Unverborgenheit. Kant, Nishida, Heidegger*, Würzburg, Ergon, 2003, 179 p.

YAMAZAKI Masakazu et SAITÔ Sumie, « Modern Japan in its Philosophical Development » : *Revue Internationale de Philosophie* 28 (1974, n° 107-110) 36-48.

YOKOYAMA Wayne, « Nishida Kitarō in Translation, Primary Sources in Western Languages » : *The Eastern Buddhist* 28 (1995, n° 2) 297-302.

YONEYAMA Masaru, « À la recherche de l'esthétique du lieu » : *Aesthetics* 11 (mars 2004) 233-6.

YOSHIOKA Kenjirō, « La visione artistica di Nishida Kitaro », dans Giancarlo VIANELLO, Matteo CESTARI et YOSHIOKA Kenjirō (éd.), *La Scuola di Kyoto. Kyoto ha*, Rubbettino, 1996, 178 p. ; p. 105-50 (trad. Matsubara Tetsuya et Giovanni Peternolli).

YUSA Michiko, « The Religious Worldview of Nishida Kitarō » : *The Eastern Buddhist* 20 (1989, n° 2) 63-76.

YUSA Michiko, « A Vignette. Lafcadio Hearn Seen Through the Eyes of Nishida Kitarō », dans Vladimir MILICIC (éd.), *Festschrift of Ulrich Mammitzsch*, Bellingham, Western Washington University, 1991, p. 204-13.

YUSA Michiko, « Nishida and the Question of Nationalism » : *Monumenta Nipponica* 46 (1991, n° 2) 203-9.

YUSA Michiko, « Questions Concerning Pierre Lavelle's "The Political Thought of Nishida Kitarō" » : *Monumenta Nipponica* 49 (1994, n° 4) 524-29.

YUSA Michiko, « Nishida and Totalitarianism. A Philosopher's Resistance », dans James W. HEISIG et John C. MARALDO (éd.), *Rude Awakenings. Zen, the Kyoto School, and the Question of Nationalism*, Honolulu, University of Hawaii Press, 1995, 381 p. ; p. 107-31.

YUSA Michiko, « Reflections on Nishida Studies » : *The Eastern Buddhist* 28 (1995, n° 2) 287-96.

YUSA Michiko, « Nishida and Hearn » : *Monumenta Nipponica* 51 (1996, n° 3) 309-16.

YUSA Michiko, « Nishida's Philosophy of Religion. A Religious Philosophy » : *Zen Buddhism Today* 15 (1998) 15-32.

YUSA Michiko, « From *Topos* to Environment. A Conversation with Nishida Kitarō », dans Christopher LAMB et Dan COHN-SHERBOK (éd.), *The Future of religion. Postmodern Perspectives*, London, Middlesex University Press, 1999, p. 112-27.

YUSA Michiko, *Zen and Philosophy. An Intellectual Biography of Nishida Kitarō*, Honolulu, University of Hawaii Press, 2002, 482 p.

YUSA Michiko, « Nishida Kitarō », dans Lindsay JONES (éd.), *Encyclopedia of Religion*, deuxième édition, Detroit, Macmillan Reference USA, Thomson Gale, vol. 10, 2005, p. 6635-8.

ZHANG Bao-san, *Essays on Tang Keigaku and Chinese Thinking on the Modern Japanese Kyoto School* (en chinois), Taipei, Liren Shuju, 1998.

ZHU Qian-zhi, *History of Japanese Philosophy* (en chinois), Beijing, Renmin Chubanshe, 2002.

ZIMMERMANN Maren, « Nishida's "Self-Identity of Absolute Contradiction" and Hegel. Absolute Negation and Dialectics », dans James W. HEISIG (éd.), *Frontiers of Japanese Philosophy*, Nagoya, Nanzan Institute for Religion and Culture, 2006, 313 p.; 184-204.

**L'Harmattan, Italia**
Via Degli Artisti 15 ; 10124 Torino
**L'Harmattan Hongrie**
Könyvesbolt ; Kossuth L. u. 14-16
1053 Budapest
**L'Harmattan Burkina Faso**
Rue 15.167 Route du Pô Patte d'oie
12 BP 226
Ouagadougou 12
(00226) 50 37 54 36
**Espace L'Harmattan Kinshasa**
Faculté des Sciences Sociales,
Politiques et Administratives
BP243, KIN XI ; Université de Kinshasa
**L'Harmattan Guinée**
Almamya Rue KA 028
En face du restaurant le cèdre
OKB agency BP 3470 Conakry
(00224) 60 20 85 08
harmattanguinee@yahoo.fr
**L'Harmattan Côte d'Ivoire**
M. Etien N'dah Ahmon
Résidence Karl / cité des arts
Abidjan-Cocody 03 BP 1588 Abidjan 03
(00225) 05 77 87 31
**L'Harmattan Mauritanie**
Espace El Kettab du livre francophone
N° 472 avenue Palais des Congrès
BP 316 Nouakchott
(00222) 63 25 980
**L'Harmattan Cameroun**
Immeuble Olympia, face à la Camair
BP 11486 Yaoundé
(237) 458.67.00/976.61.66
harmattancam@yahoo.fr

655889 - Mai 2016
Achevé d'imprimer par

1livre.com
du rêve à la réalité !

Made in the USA
Monee, IL
19 October 2026

66039200R00085